MÉMOIRE

ET

DISSERTATIONS

SUR L'APICULTURE

DÉDIÉ

A LA SOCIÉTÉ CENTRALE D'AGRICULTURE DE L'YONNE.

MÉMOIRE

ET

DISSERTATIONS

SUR L'APICULTURE

PAR L'ABBÉ M.-Z. BEAU

CURÉ DE MAILLY-LA-VILLE

Membre de la Société des Sciences historiques et naturelles de l'Yonne.

Cunctis mella dabunt…
Le miel pour tous…

SENS

IMPRIMERIE DE CHARLES DUCHEMIN

1873

PRÉFACE

—

Vouloir écrire sur l'Apiculture, après tant d'ouvrages déjà parus sur les abeilles et leurs produits, n'est-ce pas une témérité? N'est-ce pas, d'ailleurs, une frivolité pour un prêtre à qui s'imposent tant d'occupations sérieuses ?

Cette pensée m'est venue quelquefois, et elle m'a été insinuée avec un ton et un sourire qui étaient à eux seuls plus qu'une critique.

Je ne devais qu'une réponse banale à des questions qui avaient la prétention d'être courtoises, malgré leur dédain pour le sujet que je traitais.

Le temps est venu de parler sérieusement, et de dire pourquoi je me suis beaucoup occupé d'apiculture et aussi un peu d'agriculture.

Né de parents agriculteurs, destiné à vivre au milieu des

habitants de la campagne, j'ai conservé pour les travaux et la vie des champs une estime qui va jusqu'à l'affection. Oui, je me plais à le proclamer, l'Agriculture est bien la veine nourricière des nations, en même temps qu'elle est la compagne et la sauvegarde des vertus privées et sociales. La bravoure militaire elle-même s'est toujours recrutée parmi les agriculteurs ; et de même qu'à Rome les généraux étaient victorieux quand ils quittaient la charrue pour les insignes du commandement, ainsi ils trouvèrent la victoire infidèle quand ils menèrent la vie molle et voluptueuse des histrions vêtus de la pourpre impériale.

Il y a donc un vrai patriotisme uni à un sentiment de haute moralité, à encourager la vie et les travaux de la campagne. Je dis plus, c'est pour nous tous un devoir de réagir contre les tendances de la jeunesse à déserter la chaumière pour aller demander à la ville, avec un travail moins pénible ou moins grossier, un salaire plus fort, des plaisirs plus faciles.

J'ai donc recherché dans ma modeste sphère quels seraient les moyens d'entraver cette émigration, qui nous menace d'une perturbation dans l'ordre économique et social.

On me dira peut-être que ce serait bien le cas de faire intervenir les vertus morales et religieuses.

Certes, nous n'avons pas failli à ce devoir. Au nom de la religion, nous les avons prêchées à temps et à contre-temps, ces vertus de nos pères qui tenaient lieu de richesses et d'honneurs : la piété, la bonne foi, l'amour du foyer domestique qui, mieux que les plaisirs bruyants, savent donner le bonheur. Mais, le dirai-je? nous avons trouvé bien des oreilles fermées à ces grandes vérités! *Nos canimus surdis!*

Un jour viendra peut-être où les âmes nous seront plus accessibles; pour l'heure présente, nous allons essayer de toucher une toute petite corde des intérêts matériels qui rendra, je l'espère, de bonnes vibrations dans les cœurs affamés de bien-être.

Disons-le franchement, cette étude sur les abeilles nous a été imposée par un sentiment de compassion. Nous avons été témoin des revers de toute sorte qui désolent nos campagnes, et nous avons eu le cœur brisé en voyant trop souvent, hélas! la gelée, la grêle et les autres intempéries dévaster les vignobles et les céréales. Souvent aussi nous avons entendu le pauvre villageois se demander s'il devait encore arroser de ses sueurs une terre maudite; et dans son découragement, il laissait à ses enfants la faculté de choisir une carrière moins ingrate.

En pareil cas, des paroles vaines et banales ne suffisent pas pour consoler et fortifier l'âme; il lui faut des raisons et des motifs d'espérance. J'ai cru rencontrer une de ces mille raisons qui réconcilient les cœurs avec leur position sociale.

Assurément, je ne puis dire que le printemps n'aura plus ses frimas, non plus que l'été sa grêle et ses orages; mais, au milieu de toutes ces chances fâcheuses, voici, je pense, un léger adoucissement à des amertumes inévitables.

C'est chez moi une conviction bien arrêtée que notre France et le département de l'Yonne en particulier, peuvent devenir la terre des jours antiques *où coulaient le lait et le miel: Terra fluens lac et mel.*

Encore une utopie! me dira-t-on. Vous allez en juger. N'est-ce pas un fait avéré que le moindre cultivateur, grâce aux prairies artificielles, peut avoir aujourd'hui sa vache laitière? Oui, cette source de bien-être, qui était autrefois le partage d'un petit nombre, tend à se vulgariser de plus en plus.

Or, l'expérience dit que l'abondance du lait doit avoir pour corrélatif l'abondance du miel. Au premier coup d'œil, cette assertion peut sembler un paradoxe : un peu d'attention fera voir qu'elle est justifiée par l'extension que prend chaque jour parmi nous la culture d'une foule de plantes mellifères aussi favorables à la sécrétion du lait qu'à celle du miel.

Ai-je besoin de nommer le sainfoin ou esparcette, la luzerne, différentes espèces de trèfle, le sarrazin, la vesce et plusieurs espèces de la famille des légumineuses ?

Je n'ignore pas, toutefois, que certaines circonstances atmosphériques sont nécessaires pour procurer la bonne qualité et l'abondance des fourrages et des sucs mellifères ; mais toutes chances égales d'ailleurs, je soutiens que notre département est des plus favorisés sous ces divers rapports.

S'il en est ainsi, me direz-vous, comment se fait-il que l'Apiculture soit presque délaissée par les habitants de nos campagnes?

Il faut rechercher la raison de cet abandon : 1° dans l'ignorance et la routine qui, en apiculture comme en beaucoup d'autres choses, négligent les procédés intelligents et repoussent les données de la science; 2° dans l'égoïsme qui veut garder le monopole des profits; 3° dans l'arbitraire des arrêtés municipaux qui, dans plusieurs localités exigent que les ruches soient placées à une trop grande distance des routes et des habitations, et cela sous prétexte de dangers et de dommages le plus souvent imaginaires.

Ignorance et égoïsme, préjugés et arbitraire, voilà bien les vrais obstacles à la diffusion et aux progrès de la science apicole; pour les faire disparaître, nous avons cru qu'il était bon de porter la cause des abeilles devant des juges compétents dont la sentence ferait autorité. Voilà pourquoi la question de l'Apiculture a été introduite au Congrès scientifique de France, dont la vingt-cinquième session devait se tenir à Auxerre, au mois de septembre en 1858.

Comme corollaire et auxiliaire de cette mesure, nous devions faire admettre les abeilles et leurs produits à l'Exposition de l'industrie qui coïncidait avec le Congrès scientifique d'Auxerre.

Grâce au zèle intelligent de M. Lepère, secrétaire du Congrès et de la Société des Sciences historiques et naturelles de l'Yonne (1), le projet a été complétement réalisé. M. Lepère a plaidé avec beaucoup de tact la cause de l'Apiculture contre les prétentions arbitraires des arrêtés administratifs. Nous avons eu l'intention de la défendre contre l'ignorance, le préjugé et la routine. Avons-nous réussi? Au lecteur de juger.

(1) M. Lepère est aujourd'hui député à l'Assemblée nationale, et président du Conseil général de l'Yonne.

LES ABEILLES

AU CONGRÈS SCIENTIFIQUE DE FRANCE

VINGT-CINQUIÈME SESSION

Tenue à Auxerre au mois de septembre 1858

TREIZIÈME QUESTION

De l'Apiculture. — Quel est, dans ce département, l'état de cette industrie agricole? Quels obstacles rencontre-t-elle? Par quel moyen pourrait-elle recevoir de l'extension?

M. Lepère demande la parole pour se plaindre que, dans certaines communes, des arrêtés administratifs menacent de détruire entièrement cette industrie, en exigeant que les ruches soient au moins à une distance de cent mètres de toute habitation, jardins ou chemins ; que ces prescriptions, dans un pays où la propriété est très-morcelée, paralyseraient entièrement l'éducation des abeilles.

Après une réponse de M. Ravin, qui déclare que les arrêtés dont on se plaint ont été pris sur les réclamations des habitants, M. Lepère est invité à rédiger la proposition suivante :

Le Congrès, considérant que les inconvénients que peut

présenter, pour les particuliers, le voisinage des abeilles, ne doivent pas entrer en balance avec les avantages généraux qui résultent de l'industrie apicole;

Émet le vœu qu'à moins de circonstances particulières, l'établissement des ruchers ne soit pas entravé par des mesures prohibitives qui ne permettraient plus aux petits propriétaires de se livrer à cette industrie.

Cette proposition est mise aux voix et adoptée.

La parole est ensuite donnée à M. l'abbé Roguier, pour lire un mémoire de M. Beau, curé de Mailly-la-Ville.

L'APICULTURE

DANS LE DÉPARTEMENT DE L'YONNE.

Nous sommes, il est bien vrai, dans un siècle de progrès : progrès dans les sciences, progrès dans les arts, progrès partout, excepté, ce me semble, dans une toute petite branche de l'industrie agricole, la culture des abeilles, sur laquelle on a cependant beaucoup parlé et savamment disserté. Eh quoi ! dira-t-on, l'apiculture ne serait pas en progrès ? Quand Huber de Genève, empruntant les yeux d'autrui, vous annonce tant de merveilles jusqu'alors ignorées ! Quand d'autres, après lui, proclament les précieuses découvertes qui mettent l'apiculture dans une voie toute nouvelle ! Attendez encore, et, dans peu de jours, vous verrez se dissiper le mystérieux nuage qui enveloppait les abeilles ; et l'intelligence de l'homme venant à leur secours, sondera le fond de leurs demeures, pour y surprendre la raison secrète de la faiblesse, de la mortalité et de la ruine des ruches.

Aux maux dont les causes sont connues, le remède est facile ; dès lors plus de famine, plus d'anarchie. Les cellules ne manqueront jamais d'ouvrières ; une colonie toujours suffisante sera envoyée d'une ruche dans une autre. Il y aura équilibre partout, partout égalité dans la force et dans l'abondance. Soit, je me plais à saluer cet âge d'or de l'apiculture ; je crois volontiers les prophètes de bonheur.

Mais, quittons la sphère des données purement spéculatives, des belles espérances, pour entrer dans le domaine des faits, dans leur décourageante réalité.

La théorie, j'en conviens, apparaît lumineuse, la science est venue lui prêter son flambeau ; mais, je vous le demande, où est le perfectionnement pratique ? Il faut bien l'avouer, pour le produit, nous en sommes restés à peu près aux résultats anciens ; et si je ne craignais d'être taxé de sévérité, je crierais : Prenez garde à la décadence ! et la statistique des ruchers viendrait confirmer mes alarmes. Mais, est-ce à dire pour cela qu'on ne s'occupe pas des abeilles, ou que la contrée leur soit ingrate ? Non, le contraire est prouvé. Il est bien certain qu'il y a dans le département de l'Yonne des apiculteurs intelligents ; il est avéré d'ailleurs que le département est favorable pour cette branche d'industrie. Cherchons donc pourquoi, malgré ces conditions heureuses, les belles découvertes ont si peu fructifié parmi nous ; nous essaierons ensuite d'assigner quelques remèdes au mal reconnu dans la pratique suivie de nos jours.

§ Ier.

ESSAIMS ARTIFICIELS.

Cause de leur peu de succès.

Après les expériences des Huber, des Réaumur, des Schyrah, des Lacène et de tant d'autres, on eût pu croire un instant que le dernier mot serait bientôt donné sur les abeilles.

On a exagéré le produit possible en essaims, en miel et

en cire. Les essaims artificiels devaient, disait-on, multiplier les ruches sans y mettre d'autres bornes que celles fixées par la fécondité du sol. Aussi, les gens avides, comme les curieux, se sont-ils jetés dans la culture des abeilles avec une sorte d'engouement. On s'est plu à vérifier les expériences déjà faites ; le travail était facile, mais le succès fut un appât dangereux. L'enthousiasme produit à la première vue d'une vérité est bon quelquefois ; il est des cas où il fascine le regard sans l'éclairer ; témoin les disciples trop ardents du patient aveugle de Genève. Croyant avoir bien saisi les conséquences rigoureuses des faits observés, ils ont proclamé, comme devant toujours se reproduire, des avantages pratiques qui ont avec d'autres faits conditionnels une relation souvent imperceptible. Dès lors, posant le fait sans conditions, ils en ont tiré précipitamment des conséquences vraiment attrayantes, savoir : une progression indéfinie en essaims, et, par suite, en miel. C'était, certes, conclure trop largement des découvertes faites par Huber, Schyrah et Lacène sur les moyens de se procurer des reines pour les essaims. C'est ainsi que nous avons vu un grand nombre de propriétaires affaiblir leurs ruchers au moyen d'essaims forcés qui ne réussissaient pas, et qui souvent ruinaient les mères désorganisées par une opération contre nature.

Mais ce furent les ruches de l'ancienne forme qui donnèrent lieu aux plus grandes déceptions. Il était triste de voir ces myriades d'abeilles ainsi expatriées rester inactives au fond de leur nouvelle demeure ; quelquefois, après de longues heures d'un triste silence, ou d'un bruissement qui chez les abeilles est le cri de détresse, on voyait la reine en tête de ses sujets exilés, assaillir l'entrée de la ruche natale, ou même d'une ruche étrangère, et le propriétaire était bien étonné de trouver un gros essaim de la veille réduit à une centaine de mouches. On a pu remarquer, toutefois, que les essaims étaient plus heureux dans les années favorables à

la sécrétion du miel; les abeilles alors semblaient prendre
courage en voyant qu'elles suffisaient à se construire des
cellules, et à faire les provisions de la ruche. Mais, il faut
le dire, ces bonnes années furent rares; pour mon compte,
j'en ai rencontré une sur cinq.

Les essaims obtenus par la division des ruches brisées
horizontalement et verticalement, ont beaucoup mieux
réussi dans le principe. J'ai sous les yeux les expériences
faites par un apiculteur distingué, M. Boyer, de Dracy.
Ses ruches étaient brisées et vitrées dans le genre de celle
que je viens de mettre sous vos yeux dans l'Exposition de
l'Industrie ; il ne perdit aucun essaim, parce que son mécanisme lui donnait la facilité de suppléer à la disette
d'une peuplade en prenant sur l'abondance de l'autre ;
c'était de 1816 à 1819. Les années étaient défavorables, à
ce qu'il rapporte, le résultat cependant fut si péremptoire,
que M. Boyer se crut autorisé à garantir l'infaillibilité de
sa ruche pour toute espèce d'opérations. Mais la mort vint
le surprendre avant qu'il eût pu faire partager ses convic-
tions ; et ses héritiers, qui n'étaient pas initiés aux secrets
de cette ruche, firent tomber sa réputation en laissant périr
les abeilles qu'elle contenait. Les essais tentés par d'autres
apiculteurs furent moins heureux. Somme toute, il fut reconnu qu'il était plus avantageux d'attendre les essaims
que de les forcer.

Il eût semblé que la vue de tant d'expériences suivies de
regrets, allait empêcher les efforts de se porter vers le même
but. Il n'en fut rien pourtant, car on vit bientôt préconiser
le chloroforme, le sel de nitre et quelques autres ingré-
dients qui devaient, dit-on, écarter tous les obstacles pour
les essaims artificiels. Le fait est qu'il y eut quelques succès, mais en dehors de ce département : j'ai eu connaissance des avantages obtenus par un propriétaire de Normandie qui, appliquant le chloroforme aux abeilles, avait,

en quelques années, décuplé ses ruches. J'ai voulu faire l'épreuve de sa méthode, mais j'ai cru devoir l'abandonner après mûr examen.

Il me répugnait de voir les abeilles dans un état de torpeur assez semblable à la mort, et il m'a semblé que cet état d'inertie laissait après lui quelque chose de fâcheux. Il est probable qu'il y avait maladresse dans l'opération ; il y avait certainement contrariété dans la saison : je n'ai pas réussi. La dose de quatre grammes de chloroforme pouvait suffire lorsque le passage de l'air était bien intercepté ; sans cette précaution, l'engourdissement devenait insuffisant et le maniement des abeilles très difficile. En fin de compte, si l'on me demandait mon avis sur les essaims artificiels, je tiendrais pour ceux de division, mais en opérant sur une ruche brisée et vitrée, dans le genre de celle que je ferai connaître plus tard, avec ses avantages. Ainsi donc, pour tout résultat, nous trouvons quelques faibles succès, et beaucoup de déceptions, beaucoup de regrets.

Est-ce à dire, toutefois, que ces erreurs et ces déceptions aient été inutiles pour la science ? Non, assurément. Une expérience isolée sera souvent perdue pour l'individu ; mais aujourd'hui que la presse enregistre toutes les observations avec les avantages et les inconvénients des diverses méthodes, aujourd'hui que nous voyons se former tant de sociétés diverses dans l'intérêt des arts et de l'industrie, nous devons espérer que ces sociétés, assemblant en faisceau tous les résultats constatés par les individus, sauront démêler à travers les dénégations, les affirmations contradictoires, ce qu'il faut prendre et laisser de tout cet amas de procédés. Ainsi, pour le cas présent, plusieurs apiculteurs diront pourquoi les premiers essaims artificiels ont, cette année, parfaitement réussi, tandis que les opérations plus tardives ont été infructueuses ; de même pour les divers autres faits concernant les abeilles. Et alors, sans

vouloir faire peser sur le procédé lui-même les contrariétés
provenant de la saison ou de la maladresse, on conclura
qu'il est bon au moins dans quelques circonstances données ; ces circonstances nécessaires étant fixées, les expériences seront souvent plus heureuses.

C'est en dehors de ces précautions indispensables et de
cet esprit d'analyse, que les diverses méthodes ont été es-
sayées dans ce département. Disons-le donc à la décharge
de la science qu'on pourrait accuser de stérilité, si les efforts
ont été ici impuissants, c'est parce qu'ils étaient étroits
comme l'égoïsme. Chacun voulait trouver pour soi, chez soi
et dans son rucher seulement, une vérité qu'il exploite-
rait au point de vue des avantages pratiques.

Qu'est-il arrivé? on s'est sacrifié en voulant tout gagner,
on a sans doute fait des découvertes partielles, mais qui
ont usé les moyens, la patience ou la vie. Une solution
pleine et entière n'a pas été obtenue, parce qu'on a travaillé
dans l'isolement.

Je dirai plus tard quel serait, à mon avis, le moyen
d'empêcher les travaux de se perdre en s'isolant ; j'ai hâte
d'aborder une question pleine d'intérêt. Est-il vrai que le
département de l'Yonne soit favorable à la culture des
abeilles, et dans le cas de l'affirmative, comment expliquer
l'affaiblissement des ruchers ?...

§ II.

RÉCOLTE DU MIEL DANS LE DÉPARTEMENT DE L'YONNE.

Son abondance. — Conséquences.

Demander ou rechercher si le département de l'Yonne
est avantageux pour la récolte du miel, pourrait sembler
au premier coup d'œil une question oiseuse, une enquête
de pure curiosité. Rien n'est moins vrai cependant ; on

doit, selon moi, attacher la plus grande importance à la solution de ce problème, et voici pourquoi.

Si la contrée est reconnue favorable à la culture des abeilles, on s'efforcera d'en tirer le plus grand produit possible. J'imagine que l'administration et la société d'agriculture encourageront les efforts dirigés de ce côté. La science même sera mise au service de cette industrie, et l'on verra l'enseignement préparer la théorie, en attendant que l'occasion se présente pour en appliquer les principes.

Mais, à défaut de l'État, de l'association ou de l'enseignement, l'individu mieux éclairé trouvera un stimulant dans son amour du gain ; d'intelligents villageois, qui n'ont pas eu leur part des biens de la terre, demanderont à l'abeille de vouloir bien butiner pour eux, et, sans doute, cet innocent larcin, en apportant une douceur au pauvre artisan, le réconciliera avec la société que souvent il jalouse par l'effet de sa misère. Voilà qui est très-humanitaire, dira quelqu'un. Un autre parlant plus franchement : Voilà une belle chimère ! Eh bien ! soit, chimère si vous voulez ; mais observons, toutefois, que la plupart des espérances sont chimères avant de devenir réalités.

Il m'a donc pris fantaisie d'examiner si le département de l'Yonne est favorable à la culture des abeilles. Quelle témérité ! J'en conviens, ce n'est pas à un individu à résoudre cette question : il faudrait pour cela une société d'apiculture bien organisée, ayant ses secrétaires et ses correspondants, connaissant à fond la flore départementale, le mode de culture de chaque canton ; et puis, balançant les avantages et les inconvénients des diverses méthodes apiculturales, on verrait apparaître une conclusion légitime. Une société ne se présentant pas, j'avouerai que je n'ai pas craint d'entreprendre un travail aussi complexe ; mais, pour garantir l'exactitude des observations, je dois dire que le concours d'amis nombreux

et patients ne m'a pas fait défaut. Il y a eu association plus
réelle que nominale; voici comment nous avons procédé.
Pour établir la comparaison, nous avons pris les ruches de
l'ancienne forme, en clématite, en paille et en osier : ce
sont presque les seules usitées dans ce département. Ces
ruches ont la forme d'un cône ou d'un ovale coupé. On les
trouve plus rarement avec un fond aplati. La capacité varie de quarante à soixante centimètres de largeur, suivant
l'élévation. J'avais d'abord pris la taille d'hiver pour base de
mes opérations, mais j'ai dû la quitter pour plusieurs raisons. L'époque de cette taille n'est pas la même dans toutes
les contrées. Dans le Morvan, on enlève le miel depuis les premiers jours de janvier jusqu'à la fin de février; dans les pays
environnants, pendant tout le mois de mars ; dans les autres
contrées, du 15 mars au 15 avril; cette dernière époque est
reconnue plus prudente par quelques bons praticiens.

L'époque de la taille d'hiver étant si peu fixe, ne se prêtait
que difficilement aux appréciations comparatives ; la même
difficulté se reproduisait dans les autres départements. J'ai
donc eu recours aux ruchers soumis à la taille d'été, qui
donnait presque toujours un plus grand produit avec des
inconvénients égaux, pour ne pas dire moindres. La moyenne
du produit, prise chez quatre propriétaires des vallées de
l'Yonne, de la Cure, de l'Armançon et du Serein, a donné
de six à huit kilogrammes de miel par panier, suivant les
années, la localité et les accidents divers de température ou
de culture. Nous avons établi le second terme de comparaison dans deux départements limitrophes très-fertiles en
miel, la Nièvre et le Loiret ; et même, il nous est venu des
renseignements de pays très-éloignés, tels que la Normandie
et la Franche-Comté. Il a fallu quelquefois écarter de la
concurrence les ruchers accidentellement favorisés ou lésés
par la pluie, la chaleur ou le froid. Posant, autant que nos
faibles efforts le permettaient, les divers points de la com-

paraison dans une juste balance d'avantages et d'inconvénients, nous avons cru reconnaître que le département de l'Yonne est des plus féconds en miel.

On fera sans doute des objections, on alléguera les rendements extraordinaires constatés ailleurs ; mais il faut bien observer que les phénomènes ne font rien ici ; je les ai rencontrés aussi et je les ai exclus de la balance. Ainsi, j'ai tiré d'une seule ruche, sans l'étouffer ni l'exposer à la famine, 22 kilogrammes de très-beau miel. Cette année même, grâce aux avantages de la ruche brisée et vitrée, un essaim du mois de mai a donné 18 kilogrammes de miel brillant comme le cristal. Qu'est-ce que cela prouve ? Rien, sinon que les mêmes phénomènes d'abondance se reproduisent, ici comme ailleurs, par des causes souvent identiques. Voilà pour la quantité.

La qualité, grâce aux prairies artificielles, ne laisse rien à désirer, excepté dans le Morvan et dans quelques autres contrées fertiles en bruyères ou en sarrasins, mais il y a alors compensation dans la quantité de miel et la prospérité des essaims.

Et maintenant, je voudrais bien développer tous les avantages résultant de cette fertilité bien connue ; mais il faudrait, je le sens, pour plus d'exactitude, une connaissance très-approfondie de la flore de chaque canton, et de ses différentes cultures ; ce sera l'objet d'un travail ultérieur.

Une autre conséquence à tirer alors de la fertilité locale sera la moyenne dimension à donner aux ruches ; non pas que je suppose la même capacité pour toutes. Il faudra avoir égard à la force de l'essaim, aux années d'abondance et à la richesse des pâturages. Mais toujours est-il qu'il faudra établir une sage proportion entre la grandeur des ruches et la fertilité des lieux.

Nous donnerons un peu plus tard le moyen d'établir cette proportion sans qu'il soit besoin de changer de ruche.

Tâchons maintenant de concilier cette fécondité en miel avec la diminution sensible des ruches depuis cinq à six ans.

§ III.

CAUSES DE LA DIMINUTION DES RUCHES DANS LE DÉPARTEMENT DE L'YONNE.

La raison du dépérissement des ruchers et de la diminution des ruches est très-complexe ; vouloir la trouver uniquement dans l'ignorance et les mauvais procédés des villageois serait aussi injuste que de la rejeter entièrement sur les marchands de miel partisans de la *chasse ;* il faut la chercher encore dans la contrariété des saisons. Nous allons dire comment ces trois causes ont prêté leur mutuel concours à l'affaiblissement des ruches parmi nous.

Puis, nous essaierons de donner à chaque cause la proportion qu'elle doit avoir; nous saurons mieux ensuite préparer le remède à opposer au mal.

I.

La taille ignorante du villageois.

Au point de vue pratique, on pourrait dire que les soins donnés aujourd'hui aux abeilles sont à peu près ce qu'ils étaient il y a un siècle. J'ai fait la part des belles découvertes qui doivent réjouir l'amateur, en le mettant sur la voie du progrès ; j'en rends hommage aux inventeurs, en attendant que l'avenir leur donne droit à une reconnaissance plus générale, par la diffusion des bénéfices apportés à l'apiculture. Mais, constatons malgré tout que nos villageois en cette matière sont aussi arriérés qu'il y a cent ans. Mêmes préjugés, même routine, mêmes procédés supers-

titieux. J'exagère, croyez-vous ; attendez et vous jugerez.
Entrez dans le rucher du pauvre villageois, vous le trouverez bien délabré extérieurement ; tout annonce la misère.
La ruche est ouverte à tous les vents, c'est à peine si quelques brins de chaume la dérobent aux injures du temps ;
mais ce défaut n'est pas le plus dangereux, la prudence et
le courage de l'abeille ont su en éluder les fâcheuses conséquences. Ce qui a été le plus souvent préjudiciable aux
abeilles, c'est la taille imprudente du villageois.

Oter le miel, rajeunir la cire, voilà tout ce qu'il sait.
Voici ce qu'il pratique : il tranche à tort et à travers dans
le miel ou le couvain, sans trop s'inquiéter ni du couvain
à l'état d'œufs, ni de la quantité de nourriture présumée
suffisante d'après la population présente ou future. Il soulève la ruche ; si elle est pesante de couvain ou de vieille
cire, il la dit pleine de miel et il tranche encore. Le seul
gâteau qui dérobait à ses yeux la progéniture au berceau,
est bientôt épuisé dans les mauvais jours ; la famine se
déclare. Le villageois revient aux ruches par un beau soleil de printemps. Au lieu d'entendre un joyeux bourdonnement, il aperçoit plusieurs paniers qui demeurent plon-
gés dans un morne silence. A peine voit-il à l'entrée se pro-
mener quelques abeilles attristées : il a facilement deviné
le secret de leur souffrance. C'est bien lui, c'est sa main
trop avide qui a causé le malheur de ses bienfaitrices en les
livrant à la famine. Il débarrasse la ruche des victimes de
sa taille meurtrière, puis il apporte aux survivantes une
nourriture qui ne peut être agréée qu'en perspective de la
famine : les rôties au vin sucré, les lentilles cuites à l'eau,
la crême, etc., substituées au miel vendu ou épargné par
la misère ou la cupidité. Pardonnons-lui, il a péché par
ignorance. Mais voici un crime impardonnable, c'est celui
des marchands de miel partisans de la *chasse* et de *l'étouffage*.

II.

Les marchands de miel.

Les industriels qui font le commerce de miel, ont donné le nom de *chasse* à la pratique qui consiste à chasser les abeilles de leur ruche, en les mettant à mort par le soufre ou la famine, et cela pour réaliser un plus large bénéfice, en enlevant tout le miel. Ce sont là de vrais bourreaux qu'il faut combattre à outrance, parce que leur négoce est un grand fléau au point de vue de l'apiculture. J'ai cru devoir mentionner cette détestable pratique comme une des causes les plus réelles de la diminution des ruches dans le département de l'Yonne ; je connais, en effet, plusieurs marchands qui se partagent nos contrées pour cette exploitation barbare. Voici comment ils opèrent.

Ces trafiquants d'abeilles s'en vont dans les villages voisins, et même jusque dans les plus éloignés de leur localité. Là, ils achètent des ruches. Dans leur acquisition, ils ont en vue une récolte présente ou future. Dans le premier cas, ils achètent une ruche-mère très-riche en miel ; dans le second cas, un essaim qui n'est pas très-lourd, mais plein d'espérance : il a pour lui des alvéoles brillants comme l'or, et, ce qui vaut mieux encore, l'ardeur de la jeunesse. Un rucher est-il mis à l'encan par la misère ou la mort du propriétaire, le marchand se présente et offre pour le tout un prix moyen de 14 à 18 fr., suivant les localités. Si la ruche-mère est très-pesante, ou si elle n'a que deux ans, sans avoir essaimé, il la paiera 20 fr., car il entrevoit une récolte de vingt-cinq kilogrammes de miel. Le villageois pauvre résiste rarement ; il livre le choix de ses ruches moyennant la pièce d'or qu'il convoite. Le voilà donc qui a vendu ses plus lourds essaims et ses plus riches mères, gardant seulement les invalides du rucher. L'hiver arrive, plus de fleurs, plus de cire, plus de miel. Au fond de leur demeure les abeilles expirent, et demandent un tombeau à la cellule qui fut leur berceau, et qui devait être leur grenier d'abondance...

Que les petits propriétaires d'abeilles y réfléchissent bien, ils verront que leurs ruchers ont été jusqu'à ce jour décimés par les partisans de la chasse, et, à l'avenir, ils se montreront moins faciles à partager un trésor qui leur aptient tout entier.

Il viendra donc un temps où le marchand lui-même sera forcé de quitter son négoce ou d'abdiquer sa méthode. En effet, le villageois ne vendant pas ses ruches, on verra tomber rapidement ces grands ruchers dont les marchands de miel font sonner bien haut la force et la prospérité, car c'est là leur réponse à toute objection. Voulez-vous donc connaître le secret de cette force tant vantée, le voici, leurs pourvoyeurs apparents ou cachés nous l'ont dévoilé : tous les ans ils achètent, et s'ils grossissent le rucher, c'est parce que le nombre des ruches acquises dépasse celui des ruches immolées. Ils viendront après cela nous dire qu'ils sont forcés de sacrifier, dans l'intérêt du commerce, les ruches qui, se trouvant trop agglomérées, périraient d'ailleurs, parce que le sol n'aurait pas assez de fécondité pour les faire prospérer toutes ensemble. Nous leur répondrons que l'agglomération objectée venant de leur fait ne se reproduira que très-rarement, et dans le cas où elle se présenterait, il y aurait alors un remède facile dans le cheptel des ruches envoyées aux pâturages.

Et s'ils prétendent que, d'après notre système, la récolte en miel serait nulle ou insignifiante, ne le croyez pas davantage. La diminution des produits ne se fera sentir que pour l'individu qui fait aujourd'hui le monopole des profits ; les petits ruchers, au contraire, arriveront en peu d'années à leur dernière limite d'accroissement. Puis, comme il y aura un plus grand nombre de ruches et de ruchers, les produits partiels devenant à la fois et plus grands et plus nombreux, on aura bientôt une somme de profits qui dépassera de beaucoup le total des rendements obtenus par les marchands de miel.

Reste une dernière excuse qui peut sembler assez plausible. Nous ne tuons pas les abeilles, diront certains partisans de la chasse, nous mélangeons la population bannie à celle d'une ruche ayant assez de provisions pour nourrir les deux peuplades. Et ainsi, comme il est bien constaté que dans une ruche la consommation diminue en raison de l'accroissement de la population, notre méthode a un double avantage, un profit en miel incontestable, et souvent aussi la sécurité des ruches.

J'ai acquis la certitude que ce mélange, qui rendrait moins odieux le trafic incriminé, n'a jamais été pratiqué que très-rarement et, disons-le aussi, très-infructueusement. En effet, cette opération demande beaucoup de temps et de soins, et il s'en faut bien qu'elle réussisse toujours. Voilà pourquoi les marchands ont trouvé plus simple d'abandonner à leur malheureux sort les abeilles expropriées. Aurait-on d'ailleurs la patience ou le loisir de faire toujours le mélange indiqué, il n'est pas démontré pour cela que la ruche ainsi remplie d'abeilles vaudra à elle seule les deux ruches qui pourraient prospérer séparément et donner avec le temps des produits multipliés en essaims, en cire et en miel.

Encore un grief, et ce sera le dernier.

Montrons l'anarchie, le pillage et la mort causés le plus souvent par le désespoir des essaims affamés, par la rapacité du marchand.

Nous sommes à l'époque où les fleurs et les fruits disparaissent, où les sucs se tarissent, où il faut vivre sur les provisions acquises. Un essaim d'abeilles, riche naguère, aujourd'hui spolié et misérable, fuit un rucher devenu la proie d'un spéculateur, et vient se jeter dans un rucher plus heureux pour y réclamer un asile. Quelquefois l'alliance se fait, et les pauvres mendiantes sont admises au partage des vivres et de la demeure.

Mais plus souvent, hélas! après avoir promené de ruche en ruche leur misère et leur faiblesse, on les voit immolées par les gardiennes qui, fidèles à l'impitoyable consigne, percent jusqu'à la dernière les malheureuses suppliantes. C'est un spectacle qui m'a bien des fois indigné et attristé tout ensemble. A la vue du massacre et des cadavres dont les ruches étaient encombrées, je me disais : qui pourrait excuser encore les auteurs de tant de désolation, les partisans de la chasse !

Ceux qui aiment les abeilles, admettant la légitimité de nos plaintes et de notre indignation, pourraient peut-être s'exagérer outre mesure l'influence de cette seconde cause de la diminution des ruches. Ramenons-les à la justice en signalant une troisième cause du dépérissement des abeilles: l'intempérie des saisons.

III.

Vicissitudes contraires de la température. .

Perte des essaims naturels et des ruches-mères épuisées.

REMÈDES.

La meilleure fortune d'un rucher consiste dans la prospérité des essaims. Nous avons parlé des efforts incroyables tentés depuis un demi-siècle pour augmenter cette chance de succès par les essaims artificiels. Voyons maintenant pourquoi les essaims naturels ont aussi trompé l'espérance de l'apiculteur, et pourquoi il y a eu disette chez les ruches-mères.

On a souvent parlé de l'état florissant des abeilles dans la Russie méridionale et dans la Pologne ; d'où vient donc que dans ces contrées les abeilles donnent des résultats si heureux, sans grands soins apparents, tandis que les plus grandes précautions n'ont amené en France et dans notre département que déception et découragement ? J'ai cru apercevoir une raison de cette différence dans l'intempérie des saisons.

Depuis cinq à six ans surtout, ou bien nous avons eu l'hiver au printemps et le printemps en hiver, ou bien les étés se sont fait remarquer, soit par une chaleur tropicale, soit par une pluie diluvienne. J'ai vu les abeilles butiner en décembre sur l'ellébore, et en janvier sur les amandiers ; souvent, dans les pays où la taille se fait en février, on a pu observer dès cette époque de jeunes mouches sortant de leur cellule ; plus souvent encore on les a vues avorter à l'époque de la métamorphose des larves, parce que le froid avait repris ses droits sur cette chaleur anticipée.

En Russie et en Pologne, cet inconvénient est rarement à craindre ; tandis que parfois en France nous avons tant de retours de saisons, il n'y a que deux saisons en Russie ; c'est ce qu'écrit un témoin oculaire, dans une correspondance d'où j'ai extrait le passage suivant : « Nous n'avons (en Russie) que deux saisons dignes de porter ce nom : c'est l'hiver et l'été. Le printemps et l'automne ne sont, pour dire la vérité, qu'une espèce de chaos où tous les éléments se confondent. A Saint-Pétersbourg surtout, le passage de l'hiver à l'été tient du prodige ; c'est une explosion pour ainsi dire instantanée de la vie végétale suspendue par le froid. »

D'où nous pouvons conclure que les abeilles, restant engourdies pendant les six mois d'hiver, ne sont pas exposées à voir anéantir par une éclosion anticipée une grande partie des œufs de la reine ; la consommation est aussi infiniment moindre ; la ponte n'est pas interrompue, et les essaims font explosion avec la vie végétale. Ces essaims réussissent presque toujours, parce qu'il y a pour eux continuité de sève dans les plantes et les fleurs ; les arbres, soumis à un long repos, en ont profité pour faire une excessive provision de sucs, c'est ce qui donne lieu, sur les feuilles et les tiges, à cette exubérance de sève, qui est aussi une nourriture pour les abeilles.

On voit souvent les feuilles des arbres exsudant un principe sucré ; les abeilles en font un miel presque toujours de saveur désagréable, mais très-utile cependant aux années de disette ; les essaims viennent y puiser pour construire leurs rayons et souvent pour les remplir. Voilà donc les conditions favorables de température constatées en Russie. Revenons maintenant aux accidents contraires observés dans toute la France centrale depuis plusieurs années.

Les abeilles tirées de leur inertie par une douce chaleur, et voyant s'épanouir les chatons de coudriers et de plusieurs espèces de saules, se sont crues au milieu du printemps, alors que l'hiver n'était que déguisé. Aussitôt les ouvrières se sont hâtées de consolider les rayons, en demandant aux peupliers la propolis odorante. La reine-mère, invitée par un soleil brillant, s'étant balancée pendant quelque temps devant la ruche, y est rentrée pour déposer ses œufs dans les cellules purifiées ; déjà le couvain s'élève et prospère à merveille. Soulevez la ruche, vous la trouverez déjà pesante. Mais attendez ; l'hiver, un instant repoussé, revient avec ses rigueurs, et alors malheur aux abeilles trop précoces ! Les plantes et les fleurs sont couvertes de frimas, le soleil donne à peine de pâles rayons à travers les nuages pleins de neige et de grésil ; les nuits sont toujours glaciales. Ainsi donc, il faut prendre dans la ruche tout ce qui est nécessaire pour alimenter la famille, et les provisions sont bientôt épuisées ; adieu la progéniture !

Les abeilles nourrices, ne trouvant plus ni miel ni pollen, n'ont bientôt plus devant elles que des cadavres qu'il faut sortir au plus tôt pour éviter l'infection ; voilà un premier effet d'une végétation anticipée, la disette et l'épidémie. Le mal est grand, mais il peut être porté à son comble, si la douceur de la température se prolonge encore avant la dernière apparition de l'hiver. C'est ce que nous avons plusieurs fois expérimenté pendant ces dernières années. Nous étions vers la fin d'avril, les jeunes ouvrières et les faux-bourdons voltigeaient déjà aux alentours ; les cellules royales étaient fermées, car l'embryon avait passé par toutes les phases, et les essaims joyeux n'attendaient plus qu'un chef pour l'émigration. Vaine attente ! ce sont les frimas qui arrivent ; la jeune reine, impatiente, sort du berceau royal malgré la défense des gardiennes, la porte de la ruche est pour ainsi dire fermée par le froid ou la pluie ; d'un autre côté, une loi fondamentale ne veut qu'une seule reine dans la ruche ; un combat se livre donc entre les concurrentes, dont l'une a bientôt succombé ; dès lors, plus d'essaims précoces. Peut-être un œuf de reine restera encore, mais la population aura à subir d'autres vicissitudes tenant à la température ou à des causes secrètes. Peut-être aussi la ruche fera-t-elle un dernier effort pour essaimer tardivement, mais alors c'en est fait de l'essaim, c'en est fait de la ruche-mère ; pour tous les deux la famine viendra au printemps, car la mère épuisée ne trouvera plus assez de suc sur les fleurs desséchées, et l'aridité du sol devant durer jusqu'à la fin de l'été, l'essaim pourra à peine bâtir les cellules réclamées par la fécondité de la reine. On arrive ainsi à l'hiver sans aucune provision de miel. Voilà donc le rucher menacé d'une ruine certaine.

N'y aurait-il pas quelque moyen d'éloigner cette calamité des abeilles ? J'ai cru rencontrer trois remèdes principaux : 1° bien choisir l'exposition du rucher ; 2° mener les abeilles au pâturage ; 3° introduire le communisme chez les abeilles.

1° C'est une opinion généralement admise que la meilleure exposition pour les ruches est celle qui leur donne plus longtemps les rayons du soleil. C'est pour cela qu'on les voit presque toujours exposées au plein midi. Les conséquences de cette erreur sont : une ponte anticipée, une plus grande consommation, et souvent, en été, la perte du miel et de la ruche entière par l'effet d'une chaleur excessive. La meilleure exposition serait celle qui donnerait le moins possible de chaleur en hiver et en été l'absence du soleil couchant, le plus souvent inutile. On peut très-bien obtenir ce résultat sans déplacer ses ruches ; on profite d'un petit monticule, d'un rocher, ou d'un mur opposé au soleil d'hiver ; ce qui donne en partie les avantages du climat de la Russie.

2° Est-ce chose facile de conduire les abeilles aux pâturages, dans le département de l'Yonne ?

Assurément, puisque ce département est coupé en tout sens par de belles et bonnes routes ; puisque d'ailleurs, non loin des contrées arides et incultes, il y a des régions boisées, où la miellée abonde, et d'autres contrées fertiles en navettes, en colzas, en sainfoins, en bruyères ou en sarrasins, etc. Je le dis donc en toute assurance, étudiez les diverses cultures, les fleurs fécondes en miel, et menez vos abeilles aux pâturages ; c'est là souvent le seul espoir d'une ruche-mère épuisée ou d'un essaim réduit à la famine ; c'est là presque toujours un grenier d'abondance ; essayez-en, et l'expérience vous encouragera.

Oui, répondra-t-on, la chose serait facile pour les marchands de miel et les propriétaires qui pratiquent en grand la culture des abeilles ; mais pour les petits ruchers, le foin, comme l'on dit, ne vaut pas la fauchure. J'en conviens, et c'est pour les petits ruchers surtout que je propose un troisième remède.

3° Introduire une sorte de communisme entre les riches et les pauvres du rucher, mélanger les essaims faibles après l'essaimage ou après la récolte, pour les mettre en force suffisante ; faire une juste répartition des provisions, ce qui est praticable au moyen de la ruche brisée et vitrée dont je donnerai plus tard la description.

Mais auparavant, je veux exposer mon idée sur une association possible pour l'apiculture départementale.

Le gouvernement de Sa Majesté l'Empereur, toujours à la recherche de ce qui peut favoriser les progrès de l'industrie, a eu l'heureuse pensée d'introduire l'enseignement de l'agriculture dans les écoles normales, pour en faire sortir des maîtres tout prêts à diriger dans la voie du progrès les laboureurs de la campagne, ordinairement si routiniers ; l'idée est bonne et exécutable.

Y aurait-il témérité à croire que les abeilles pourraient participer largement aux bénéfices de cette heureuse innovation ? Voici, ce me semble, comment cette espérance pourrait se réaliser.

1° Dès cette année même, on commencerait par donner aux élèves de l'Ecole normale quelques leçons d'apiculture.

2° On enverrait aux instituteurs de la campagne un sommaire de principes clairs et précis sur les meilleurs soins à donner aux abeilles ; l'instituteur étudierait la pratique admise dans la localité, et rendrait compte à un comité cantonal ou départemental des inconvénients ou des améliorations observées.

3° Ce comité pourrait être composé des inspecteurs de l'enseignement primaire chargés des rapports de leur arrondissement respectif; on ferait aussi entrer dans ce comité les apiculteurs les plus réputés du canton ou de l'arrondissement. C'est ainsi qu'on ne s'exposerait plus à de tardives déceptions, en marchant isolément à la recherche des secrets de la science. C'est ainsi que l'association des efforts et, par suite, la multiplicité des faits observés conduiraient aux plus légitimes conclusions, aux plus belles découvertes.

On objectera que cette innovation paraît impraticable en raison de la répugnance du propriétaire à communiquer ses prétendus secrets en apiculture ; cette objection tombe devant l'influence de l'instituteur à la campagne.

Et en outre, l'instituteur sera encouragé : 1° par le plaisir indicible qu'il éprouvera en constatant chez l'abeille des prodiges d'industrie et d'intelligence ; 2° par le produit avantageux qu'il tirera de son rucher, tout en se procurant un utile délassement dans les petits soins réclamés par ses ruches. La vie de l'instituteur, nécessairement sédentaire, lui facilitera ces divers soins.

M. Beau, après une description sommaire de sa ruche brisée et vitrée, termine en rappelant que les abeilles se sont plu de tout temps à l'ombre du presbytère ; que de là nous sont venus souvent de grands perfectionnements apportés à l'élève de ces intéressants insectes. Il convie le prêtre à la pratique de l'apiculture, qui lui sera, au milieu de ses occupations sérieuses, une récréation attrayante, et qui viendra chaque année lui apporter un petit trésor auquel il pourra faire participer les malheureux.

Sur la proposition de MM. le comte d'Estaintot et Hernoux, des remerciements sont adressés à M. Beau par la Section, et l'impression de son mémoire est votée.

(Extrait du compte-rendu du Congrès scientifique de France, XXVe session, tome Ier.)

LES ABEILLES

A L'EXPOSITION DE L'INDUSTRIE D'AUXERRE

EN 1858.

Bien des personnes ne connaissent les abeilles que par
leurs piqûres, et elles les ont en horreur ; d'autres ne voient
dans les abeilles que des bêtes farouches et rapaces tout
à la fois, et au nom de l'intérêt général et de la liberté de
circulation, elles font des vœux pour une restriction sévère
de l'apiculture.

Nous pourrions prendre à part ces différents ennemis
des abeilles, et leur montrer que leur répugnance pro-
vient d'une idée fausse. Plusieurs, en effet, devraient nous
avouer qu'ils n'ont étudié l'histoire naturelle de l'abeille
que dans les récits des anciens poëtes , et notamment dans
la fable virgilienne où les erreurs les plus grossières sont
cachées sous une belle poésie.

Quant à la terreur inspirée par l'aiguillon, elle diminue-
rait sensiblement, si nous faisions voir que cet aiguillon
est seulement dirigé contre les pillards ou les agresseurs,
tandis qu'il n'est que l'auxiliaire de l'homme pour conserver un mets délicieux.

En effet, sans le dard empoisonné de l'abeille, que de-
viendraient les provisions de la ruche ? Elles seraient la
proie des insectes et des animaux, ou plutôt l'abeille ces-

serait d'exister, parce qu'elle n'aurait plus le moyen de se préserver de la rapine et de la disette.

L'objection qui se tire de la voracité des abeilles et des dégâts qu'elles causent à nos vergers, n'est pas plus sérieuse, car l'expérience a prouvé que ces insectes sont utiles pour féconder l'ovaire des fleurs, en répandant sur leur pistil la poussière fertilisante des étamines. Pour ce qui est des fruits, si elles viennent quelquefois en extraire le principe sucré, c'est quand il est déjà la proie d'un vers intérieur, et alors qu'il est sur le point de passer à l'état de fermentation acide. Il ne faut donc pas de grands efforts d'éloquence pour démontrer l'inanité des griefs mis à la charge de l'apiculture ; il suffit pour cela d'en appeler à l'observation, et de faire voir les abeilles de plus près. Si, vues dans le lointain, elles apparaissent terribles, cultivées, elles s'apprivoisent et gagnent notre affection. C'est cette conviction qui m'a porté à plaider la cause des abeilles au Congrès ; c'est elle aussi qui m'a fait un devoir d'amener les abeilles elles-mêmes à l'Exposition de l'Industrie, en même temps que leurs produits.

Lorsque j'en demandai l'autorisation à M. le directeur de l'Exposition, il m'allégua la crainte de l'aiguillon. Je dissipai sa frayeur en l'assurant que les abeilles seraient prisonnières (excepté depuis quatre heures du soir jusqu'à la nuit), et que des carreaux en verre permettraient de les examiner en toute sécurité. Dès lors, je rencontrai le plus bienveillant accueil.

On sait que les bâtiments du collége avaient été disposés pour recevoir les produits de l'industrie. La cour elle-même avait été transformée en un magnifique parterre, où les fleurs les plus brillantes et les plus variées étalaient les mille nuances de leurs couleurs. C'est au milieu de ce petit paradis terrestre que je devais planter la tente de mes abeilles. J'ai cru devoir faire en peu de mots la description et l'historique de cette ruche destinée à l'exposition d'Auxerre.

Elle était à divisions horizontales et verticales, et se composait de six compartiments de 33 centimètres de longueur sur 16 centimètres de largeur. Chaque compartiment avait sur ses trois faces externes un carreau en verre, avec un petit volet qui devait au besoin dérober le jour et le soleil.

Ainsi la ruche et ses habitants étaient accessibles aux regards des visiteurs sur dix-huit points divers : il y avait certainement là de quoi satisfaire la curiosité. *(Voir la planche ci-jointe pour l'intelligence du mécanisme de la ruche.)*

En prévision de l'Exposition, j'avais donc logé dans cette ruche un très-bon essaim du mois de mai. Il avait parfaitement réussi, et, au mois de septembre, les deux compartiments du haut entièrement remplis contenaient chacun de quatre à cinq kilogrammes de très-beau miel blanc ; les deux cadres du milieu renfermaient du miel et du couvain ; ceux du bas laissaient apercevoir des rayons blancs ou dorés, et quelques-uns plus bruns ayant servi à des couvains d'ouvrières et de faux-bourdons : ces derniers compartiments n'étant pas entièrement remplis, rendaient le transport et la captivité moins fâcheuses, en facilitant le renouvellement de l'air. J'avais donc tout lieu de croire que les abeilles n'auraient pas trop à souffrir de leur détention ; j'étais loin de supposer qu'elles sauraient en tirer profit.

On n'a pas oublié que la ruche avait une parure assez coquette : elle reposait sur un piédestal oblong, qui, ainsi que la ruche, avait été décoré par un artiste peintre. Sur les faces du piédestal se lisaient plusieurs devises ayant trait aux abeilles et à l'apiculture. La ruche était mise à l'abri des intempéries par un élégant pavillon de bronze, d'où pendaient des rideaux festonnés, d'un vert foncé, avec dessins gothiques imitant certaines plantes mellifères. Le tout était surmonté d'un petit drapeau aux couleurs nationales. Quelques amis des abeilles, je dois le dire ici, avaient voulu faire les frais de cette riche décoration qui se mariait très-heureusement avec les ornements d'horticulture.

Cette ruche appelait donc l'attention des visiteurs. Comme j'avais donné l'assurance que le public n'aurait rien à craindre de l'aiguillon des abeilles, je voulus surveiller par moi-même. Je ne fus pas longtemps sans m'apercevoir que la sécurité était compromise.

Une personne, en effet, touchée de compassion pour les pauvres prisonnières, voulut, comme on dit, leur donner la clef des champs. Je la surpris dévissant le piton qui fixait la grille des entrées de la ruche. J'intervins à temps pour montrer l'imprudence de cette tentative, et je demandai à M. le directeur de l'Exposition de vouloir bien accorder une sentinelle pour protéger la ruche contre des manœuvres indiscrètes, pour ne pas dire coupables.

Ma demande fut agréée, et pendant tout le temps que dura l'Exposition, un soldat de la garnison d'Auxerre était toujours près de la ruche, veillant à la liberté de la circulation, et favorisant l'examen des abeilles et de leur travail.

J'eus souvent l'occasion de donner moi-même quelques explications sur les mœurs et la culture des abeilles. Bref, tout se passa pour le mieux, et il y eut peu de personnes qui visitèrent l'Exposition de l'Industrie sans accorder quelques instants à la ruche, aux abeilles, et à leurs produits qui se trouvaient presque en face, exposés sans vitrines, dans la salle n° 6.

Cette imprévoyance des exposants faillit avoir les suites les plus fâcheuses. Les beaux rayons de miel qui avaient été respectés les premiers jours, furent entamés la veille de la clôture, et le dernier jour ils furent entièrement dérobés.

Il était facile de reconnaître les voleurs. Un exposant s'y trompa néanmoins, et porta ses doutes sur le concierge qui était parfaitement innocent.

J'arrivai justement au moment où l'altercation s'enflammait, et mon intervention fut assez heureuse pour réprimer une colère qui prononçait déjà le mot de police correctionnelle. Je promis de dénoncer le voleur, ou plutôt les voleurs, car il y en avait des myriades, puisque toutes les abeilles d'Auxerre s'étaient donné rendez-vous pour un joyeux banquet dans la salle n° 6 de l'Exposition. Le dirai-je ? mes abeilles elles-mêmes, toutes bien élevées qu'elles étaient, avaient voulu prendre part au festin, à leurs heures de liberté (c'est-à-dire depuis quatre heures du soir jusqu'à la nuit), alors que les visiteurs avaient évacué le parterre et les salles. Je promis donc à notre exposant dévalisé de payer ma quote-part du dommage, aussitôt qu'il aurait fait le dénombrement des ruches d'Auxerre.

Comme l'enquête offrait quelque difficulté, un apiculteur survenant à l'instant fut pris pour arbitre.

Voici la sentence, avec les considérants résumés :

« Il fit observer que les exposants expropriés étaient bien
« les derniers descendants des étouffeurs d'abeilles ; qu'il
« y avait lieu pour celles-ci à une légitime revendication ;
« que, d'ailleurs, la rapine objectée n'étant qu'une trop fai-
« ble compensation d'un méfait séculaire, cette compensa-
« tion ne devait être agréée qu'avec cette clause expresse,
« que les étouffeurs d'abeilles, s'il y en avait encore,
« renonceraient à leur détestable pratique. »

Il fallut bien en prendre son parti, et accepter la sentence arbitrale.

AVANTAGES DE LA RUCHE A DIVISIONS HORIZONTALES
ET VERTICALES.

Quand j'étais encore novice en apiculture, je croyais que la forme de la ruche était d'une importance capitale pour le progrès de la science apicole. Je me suis donc livré avec ardeur à la recherche d'une ruche réunissant tous les avantages de celles qui avaient été préconisées par les amateurs et les cultivateurs d'abeilles.

J'avais essayé de la ruche à rayons mobiles de Dzierzon, de la ruche à feuillets d'Huber, des ruches à divisions et à hausses de De Beauvois, de Lombard, de Radouan, etc.

La ruche à feuillets d'Huber, avec les perfectionnements ou modifications apportées en Allemagne, me paraissait la plus rationnelle à divers points de vue; mais il restait toujours la difficulté de la direction des rayons et la difficulté non moins grande de faire adopter cette ruche par nos villageois routiniers. Après une foule d'expériences, je suis demeuré convaincu que la meilleure ruche est celle qui est la mieux dirigée. Je l'ai mille fois répété aux apiculteurs novices.

Néanmoins, ayant tiré de très-beaux profits de la ruche à divisions horizontales et verticales, j'ai cru devoir la livrer à la publicité, en la faisant figurer à l'Exposition régionale d'Auxerre, en 1858.

Je n'en connaissais alors que les avantages. Pour un grand nombre d'opérations, elle m'offrait les mêmes ressources que les ruches allemandes à feuillets et à rayons mobiles ; de plus, elle me donnait le moyen de me rendre compte, par un simple coup d'œil à travers les vitres, des travaux de la ruche et de la position du miel et du couvain. L'inconvénient des vitres me paraissait insignifiant, quand la ruche était protégée par un petit paillasson qui la mettait à l'abri des intempéries.

Malgré le nombre des divisions horizontales et verticales, la ruche avait à l'intérieur assez de moyens de communication pour faciliter les travaux, l'élève du couvain et même la ventilation des divers compartiments ; car, lors même que la ruche vitrée était exposée toute nue aux intempéries, je n'ai jamais eu à déplorer cet affaissement des rayons de miel et de couvain qui se rencontre si souvent au temps des grandes chaleurs dans les ruches de l'ancienne forme. Les planchettes d'intersection faisaient donc avantageusement l'office du double rang de baguettes de la ruche villageoise, mais avec quelle supériorité !

Veut-on avoir du beau miel blanc en rayons ? Au moyen d'un petit levier ou ciseau de menuisier, on soulève le couvercle placé au sommet de l'une des divisions supérieures ; on injecte un peu de fumée par les douze ouvertures pratiquées autour du petit plancher mobile, et les abeilles effrayées quittent précipitamment la case enfumée pour se grouper dans la case latérale ou dans la case inférieure ; pendant ce temps, l'apiculteur soulève avec le ciseau la case désertée par les abeilles, et se trouve en possession d'un magasin de miel pesant de 4 à 5 kilogrammes. De plus, si l'année est favorable à la sécrétion du miel, on peut enlever également le compartiment latéral, et ainsi, dès le commencement de juin, on a réalisé une récolte de 9 à 10 kilogrammes de miel en rayons, sans préjudice d'une seconde récolte, si l'année est favorable : car on a pris soin de remplacer les compartiments de miel par deux magasins vides que les abeilles se hâtent d'envahir. J'ai vu souvent, après cinq jours de travail, des rayons neufs, blancs comme la neige, substitués aux rayons enlevés. Que dis-je ? La rapine avait même profité à la population de la ruche, car l'un des deux compartiments vides était souvent mis à contribution pour l'éducation du couvain. Je pouvais m'en assurer tout d'abord au moyen des lunettes ou carreaux en verre, et plus tard, lors de la seconde récolte que je faisais après l'éclosion du couvain. Je trouvais, en effet, d'un côté, des rayons d'un jaune foncé, tandis que dans la case latérale ils étaient d'un blanc plus ou moins terne, suivant la nature du miel qu'ils contenaient ou qui avait servi de matière première à la cire.

S'agit-il de donner une jeune mère ou reine à une colonie orpheline ? Rien de plus facile. Comme j'ai une douzaine de ruches composées de plusieurs compartiments ayant tous le même calibre, je m'adresse à une ruche bien peuplée, je lui emprunte un ou deux compartiments remplis de couvain, que je remplace par deux compartiments égaux de la ruche orpheline, ou qui a une mère invalide et inféconde. De la sorte, je puis équilibrer la population des deux ruches ; et si le temps est propice, après une quinzaine de jours, je serais embarrassé pour désigner quelle est celle des deux ruches qui est la meilleure.

On me demandera peut-être ce que devient, dans ce cas, la reine invalide ? Le plus souvent elle périt dans un duel, quand je donne une reine avec du couvain. Autrement, elle reste isolée dans un des compartiments qui a son entrée au bas de la division verticale. Là, se concentrent les quelques ouvrières qui l'ont suivie ; elles soignent le couvain, s'il y en a, jusqu'à ce que toutes ensemble se fusionnent dans un essaimage naturel ou artificiel. Voici ce qui advient alors de la vieille mère : elle a le sort des reines qui font double ou triple emploi dans les essaims naturels, elle est mise à mort en vertu d'une loi générale de la nature.

Faut-il parler maintenant de la faculté de faire instantanément des essaims artificiels avec la ruche à divisions horizontales et verticales? Il n'est pas besoin ici d'une longue démonstration : un simple coup d'œil sur le mécanisme de la ruche fera comprendre qu'il suffit très-souvent pour avoir deux bonnes ruches, de partager verticalement une ruche très-peuplée. On joint chaque moitié remplie de miel, d'abeilles et de couvain, à une division vide qui lui est égale en élévation, et l'opération est terminée.

Si l'on s'aperçoit que l'un des deux compartiments est trop inférieur en couvain ou en population, on fait une permutation qui doit profiter à la ruche moins peuplée : l'ancienne place est donnée à la ruche qui se trouve plus faible ; l'autre peut être isolée sans aucun risque : elle a pour prospérer, une mère féconde et l'espoir d'un riche couvain qui deviendra, après quelques jours, une légion d'ouvrières.

J'ai déjà parlé des essaims artificiels. Je les ai pratiqués dans le principe pour augmenter le nombre de mes ruches : ils ont presque toujours réussi avec la ruche à divisions horizontales et verticales. Il n'en était pas de même avec les ruches villageoises ou normandes. Pour prospérer avec ces ruches, il fallait que l'opération fût précoce et faite dans les années fertiles en miel ; et encore était-il nécessaire de transporter les essaims à plusieurs kilomètres des ruches, ou au moins de faire la permutation de l'essaim avec une ruche-mère ou bien peuplée. Avec cette précaution, il me fut très-facile de multiplier les ruches de toutes formes. J'avais fait extraire en un seul jour douze essaims des ruches de l'ancienne forme villageoise ou normande : ces essaims furent transportés à quatre kilomètres du rucher. Une colonie n'ayant pas de reine, se réunit à sa voisine, et les onze ruches ont parfaitement réussi, parce que, d'ailleurs, l'année était humide et chaude, et par conséquent mellifère.

Quoiqu'il en soit, je ne conseillerais les essaims artificiels que pour les petits ruchers et pour les localités peu favorables à l'essaimage naturel, à la surveillance ou à la cueillette des essaims. Si l'on m'en demande la raison, je répondrai que les essaims naturels ne font guère défaut dans les bonnes années et dans les localités fertiles en miel; dans les mauvaises années et dans les contrées ingrates pour l'apiculture, les essaims artificiels même précoces ne réussiraient qu'aux dépens de la ruche qui les a produits.

Je dois dire maintenant pourquoi je me suis borné à une douzaine de ruches vitrées, selon le modèle ci-joint, et aussi pourquoi j'ai adopté la ruche à calotte ou à magasins de miel. C'est que cette dernière ruche est beaucoup moins coûteuse, qu'elle se prête très-bien à l'extraction du miel, et qu'elle est plus facile à diriger pour le simple villageois sur lequel je me repose de ce qui touche à la manipulation de mes ruches et de leurs produits. D'ailleurs, une douzaine de ruches suffit largement aux expériences scientifiques en même temps qu'à l'étude des faits utiles à la direction du rucher.

LE REVERS DE LA MÉDAILLE.

Au début de mes études sur les abeilles et l'apiculture, je croyais qu'il suffisait d'une expérience de quelques années pour asseoir un jugement pratique sur une base solide. A peine avais-je saisi quelques données, que je courais à la conclusion avec un enthousiasme qui s'est bien refroidi depuis que des faits subséquents m'ont appris qu'en histoire naturelle surtout il faut multiplier les prémisses pour arriver à une bonne déduction. Cela est vrai aussi en apiculture. Une ruche vous a réussi pendant quelque temps ; expérimentez encore avant de prononcer sur sa supériorité, car dans les ruches, comme dans tout le reste, il doit y avoir le revers de la médaille. Ce revers, je l'ai trouvé dans la ruche vitrée. En effet, si cette ruche offre de nombreux avantages pour la cueillette du miel, pour l'élève du couvain et pour les essaims artificiels, elle a l'inconvénient de présenter dans ses minces cloisons de bois un conducteur facile pour la chaleur et le froid. Il est vrai que l'on sait parer à cet inconvénient par un surtout et un petit paillasson qui enveloppe les parois de la ruche. Mais un autre inconvénient subsiste à l'intérieur. Si la population est nombreuse, elle est nécessairement divisée. En hiver, elle doit être souvent séparée de ses provisions de miel, qui peuvent se cristalliser sous l'influence du froid et alors que l'abeille ne peut se déplacer sans courir un danger de mort.

Ce n'est pas tout. Au moment de la première ponte de la mère, aux mois de mars et d'avril, le couvain ayant pris un grand développement, favorisé par une chaleur et une végétation anticipées, les abeilles préparent les cases latérales pour l'éclosion et l'éducation du couvain. La mère aussitôt y dépose ses œufs. Tout semble prospérer d'abord ; mais bientôt la recrudescence du froid vient attrister la nature trop tôt épanouie ; les fleurs se flétrissent, et leur calice n'offre plus aux abeilles qu'une poussière inodore, insipide et sans profit pour l'alimentation.

Que dis-je? les frimas atteignent la ruche, et leur fâcheuse influence s'étend jusqu'aux cellules du couvain qui ne pourront plus conserver la chaleur normale. Les abeilles, en effet, devront les quitter malgré leur affection pour la progéniture au berceau ; elles se verront dans la dure nécessité de sacrifier une partie pour ne pas perdre le tout.

Qu'advient-il alors de ce couvain délaissé? Tout d'abord il est tué par le froid. Une température plus douce, jointe à l'humidité du dégel, vient ensuite le livrer à la corruption. La pourriture du couvain, contagieuse et non contagieuse, voilà le revers de la médaille qui, sous le nom sinistre de *loque*, fait frissonner les apiculteurs.

Ce mal, en effet, peut devenir très-contagieux et perdre tout un rucher, si son propriétaire n'intervient à temps pour couper le mal dans sa racine en séquestrant, en détruisant la ruche loqueuse, ou tout au moins, s'il s'agit de l'affection à l'état bénin, en retranchant les rayons dont le couvain est infecté de loque.

Cet état morbide d'une ruche se connaît, à l'*extérieur*, par une odeur fétide *sui generis*, par une certaine nonchalance et une apparence de tristesse chez les abeilles; à l'*intérieur*, par un ensemble de phénomènes qui indiquent la désorganisation. D'abord, on aperçoit un grand nombre de cellules où le couvain n'est plus operculé à la manière ordinaire : le couvercle est devenu plat, de bombé qu'il était auparavant. En le perçant, on rencontre une matière gluante provenant d'un cadavre de larve ou d'insecte en dissolution. Il y a plus, le miel lui-même a subi un commencement de décomposition : un principe de fermentation et d'acidité n'en fait plus qu'un mets insipide pour l'homme et nuisible pour les abeilles, à moins qu'il ne soit transformé par l'ébullition.

Mais, poursuivons l'analyse des rayons envahis par la loque. A côté des cellules infectées et du miel décomposé, que trouvons-nous encore? Les magasins de pollen eux-mêmes ont subi une altération qui rend cette substance dangereuse ou tout au moins inutile. En effet, cette poussière fécondante des fleurs qui, additionnée de miel, devait former la bouillie alimentaire du couvain, est ou moisie, ou desséchée, ou en proie à une décomposition qui la rend visqueuse et même fétide. Quelle désolation !

Voilà le mal. Il n'est pas toujours contagieux, mais il peut le devenir, et il l'est toujours quand il présente tous les caractères que je viens d'énumérer. J'en ai acquis la preuve en expérimentant le fait sur douze ruches saines auxquelles je joignais un compartiment contenant du couvain infecté.

J'ai dit que le mal n'est pas toujours contagieux : plusieurs expériences m'en ont donné la preuve. J'ai vu bien des fois les abeilles d'une ruche atteinte d'une loque bénigne, fuir le compartiment vicié pour aller chercher une case plus salubre. Je remplaçais alors le compartiment loqueux par un autre bien sain, et je voyais les abeilles accepter avec joie la nouvelle demeure. Dans ce cas, ce n'était pas la ponte de la mère qui était le principe du mal. Le mal existait dans la ruche, dans les provisions et dans le couvain à l'état de dissolution putride. Ce qu'il y avait à faire alors, c'était de retrancher soigneusement les rayons atteints de la loque, et de purifier par le feu le compartiment ou même la ruche tout entière. Pour cela, on les passe sur une flamme légère, jusqu'à ce que l'enduit de propolis ou de cire soit transformé par la fonte. J'ai employé ce remède sur plus de vingt compartiments de ruche vitrée que j'avais soumis aux expériences sur la loque ; j'y ai ensuite introduit des essaims nouveaux, qui ont toujours prospéré.

J'ai cru devoir m'étendre sur cette question de la loque qui a fourni matière à de si longues controverses parmi les apiculteurs, et qui est l'effroi de ceux qui s'arrêtent aux conséquences, sans remonter aux principes pour couper le mal dans sa racine.

La loque a été aussi soumise à une analyse chimique qui offre beaucoup d'intérêt pour les savants Ce sont les Allemands qui nous ont donné ce travail scientifique. Je n'ai pas cru devoir rapporter leurs dissertations hérissées de mots techniques et d'abstractions qui n'offrent aucun intérêt pratique pour le commun des cultivateurs d'abeilles. Disons, toutefois, que l'analyse purement scientifique vient à l'appui des observations que nous avons mentionnées.

Je sais bien qu'il y a des apiculteurs qui ont attribué à la ponte de la mère le vice de la loque. J'avoue que mes observations ne m'ont pas suffisamment confirmé le fait pour que je sois en droit de le proclamer. J'ai souvent rencontré une mère invalide et très-peu féconde dans une ruche loqueuse ; mais cette mère avait été auparavant très-bien constituée et très-fertile, et des observations souvent répétées m'ont amené à conclure que l'âge de la reine et la pourriture du couvain étaient les causes de la stérilité de la ruche ou de sa débilité. Je n'ai pu admettre que la loque soit en même temps cause et effet.

Mais, tout en refusant de croire que la mère soit le principe immédiat de la loque, j'admettrai sans peine que la vieillesse de la mère facilite l'invasion de ce fléau des ruchers, et voici comment. La ponte, en diminuant, produit la décroissance de la population, et par conséquent l'insuffisance de la chaleur et de la ventilation des rayons : le froid ou l'humidité s'en empare, et les provisions s'altèrent en même temps que le couvain ; et le mal, de bénin qu'il était d'abord, peut passer à l'état contagieux.

Voilà la nature de la loque, et ses causes telles qu'une longue expérience me les a révélées. J'ai indiqué le remède ou plutôt les préservatifs. Je résume. Enlever les rayons infectés, purifier par le feu les ruches qui ont quelque valeur ; autrement, les détruire et les remplacer par des ruches neuves à parois épaisses, mauvais conducteur du froid et de la chaleur ; — assez spacieuses pour ne pas trop isoler les abeilles de leurs provisions et de leur couvain ; retrancher soigneusement les rayons moisis ou durcis par un long service ; ôter les rayons de miel grenu et cristallisé ; marier les populations des ruches et des essaims faibles ; remplacer par une jeune mère celle dont la fécondité est épuisée. Voilà les grands secrets de l'apiculture : voilà les vrais moyens d'éviter ou d'arrêter la pourriture du couvain, la loque, ce fléau dévastateur des ruchers.

LE PROGRÈS APICOLE

ET

LES ENTRAVES ADMINISTRATIVES

EN 1872

I.

COUP D'ŒIL GÉNÉRAL SUR L'APICULTURE EN FRANCE ET DANS LE DÉPARTEMENT DE L'YONNE.

J'avais cessé d'écrire sur les abeilles parce que, n'ayant pas la prétention de savoir ou de faire mieux que tant d'a-tres, j'avais trouvé le sujet que je devais traiter, parfaitement rempli au point de vue des intérêts apicoles.

Aujourd'hui, je dois me remettre à l'œuvre parce que, dans un danger commun, il faut que tous prennent les armes, la parole ou la plume, suivant les besoins et les aptitudes.

Le dirai-je ? Après avoir longtemps nourri l'espoir de servir activement l'apiculture, il me plaît de venir, à la dernière heure, constater les progrès obtenus par d'autres, et

sinon d'éclairer, au moins d'encourager les derniers pas à
faire pour arriver au but.

Bien des obstacles s'opposent encore à la réalisation du
rêve de ma jeunesse, qui voulait faire du département de
l'Yonne et de la France entière une terre où couleraient le
lait et le miel. Et pourtant, je ne désespère pas, malgré bien
des mécomptes, puisque le rêve n'est déjà plus traité de
chimère, pas même d'hypothèse hasardée.

La statistique, en effet, nous accuse des produits qui,
sans être arrivés à leur maximum, sont pourtant déjà fort
respectables et méritent bien d'être portés en ligne de
compte, lorsqu'il s'agit d'énumérer les éléments du bien-
être matériel. Je n'ignore pas que les progrès agricoles ont
été contestés, ou au moins singulièrement amoindris, par
certains érudits français et étrangers qui font de la statistique en touristes, s'imaginant sans doute qu'une critique
tranchante et hardie peut remplacer cette patience d'observation toujours indispensable pour apprécier ce qui touche
à l'économie rurale et à l'histoire naturelle.

C'est ainsi que nous avons vu des agronomes et des naturalistes français, anglais, allemands et américains, se
prononcer nettement sur l'état retardataire de notre industrie apicole. Leur erreur avait sa source dans une fausse
méthode d'appréciation. Au lieu de juger de l'état de la
science au point de vue théorique et pratique, par les livres, les journaux, les revues, les comptes-rendus des Sociétés apicoles, des comices et des expositions agricoles, ils
ont trouvé plus simple et plus expéditif de s'en rapporter
à un essai de statistique fait à vol d'oiseau, et de trancher
par une comparaison de chiffres une question qui réclame
une sérieuse attention. Cette question, en effet, est très-complexe, puisqu'elle comporte l'examen des principes, des procédés ou méthodes pratiques, aussi bien que celui des rendements obtenus.

Quoi qu'il en soit, nous avons pu constater que ceux-là mêmes qui se plaisent à déprécier notre industrie mellifère, nous accusent cependant des produits si considérables en cire et en miel, que nous serions tenté de les croire exagérés. Aussi nos critiques sont-ils obligés, pour se donner gain de cause, d'énoncer des importations et des exportations fictives, ou arrangées de façon à donner l'infériorité à notre production mellifère. Après cela, vous les entendrez gémir de voir les ressources mellifères de la France si mal exploitées, et appeler de tous leurs vœux le jour où les immenses trésors cachés dans le calice des fleurs seront réalisés en beaux millions, et répartis entre tous les cultivateurs de la campagne.

Voilà, certes, un sentiment philanthropique auquel nous nous associons de grand cœur, et nous sommes en droit de dire que nous n'avons pas attendu jusqu'à ce jour pour le produire. Nous l'avons émis il y a plus de quinze ans, alors que l'on révoquait en doute l'importance de l'apiculture.

En ce moment, nous croyons qu'il y a mieux à faire que d'afficher une bienveillance platonique. Il faut d'abord rendre hommage aux progrès réalisés. Il y a là utilité et justice. Car, si nier le progrès quand il existe, c'est le décourager ; c'est au contraire appeler de nouveaux progrès, que de signaler à la reconnaissance publique ceux qui ont déjà été obtenus.

Mais disons-le au préalable : en apiculture, comme en toute autre industrie, pour se faire une juste idée du progrès, il est nécessaire de le considérer sous ses deux points de vue théorique et pratique, dans les livres et dans les exhibitions de produits et de méthodes apicoles. C'est ce que nous allons essayer de faire très-brièvement, en payant aux plus méritants le tribut de la louange et de la reconnaissance.

Observons encore une chose : si l'on veut bien juger de
la marche du progrès d'un art ou d'une industrie, il faut
lui concéder un certain temps d'arrêt, une sorte de réflexion,
pour mûrir les données de la science avant de les livrer à
la pratique. Les savants, les associations diverses se chargent ordinairement de cette élaboration des méthodes pratiques avant que la diffusion s'en opère dans les masses.

Aujourd'hui, ce temps d'arrêt pour l'apiculture est accompli. Nous venons d'assister à cette préparation de la
science apicole, et nous en sommes arrivés à ce point où
l'on peut dire que la science est complète, théoriquement
parlant. Cette science, elle existe dans les livres ou traités
d'apiculture, dans les revues et publications périodiques.
Nous en prenons à témoin les savants ouvrages de M. H.
Hamet et de M. l'abbé Collin, sans exclure de la louange
une foule d'autres ouvrages qu'il serait trop long d'énumérer ici. Le *Cours pratique d'Apiculture* de M. Hamet et le
Guide du propriétaire d'abeilles de M. Collin, qui doivent
se trouver entre les mains de tous les apiculteurs, témoignent de la vérité de notre jugement sur l'état de l'apiculture en France. Aussi bien, le Journal l'*Apiculteur* parfaitement dirigé par M. Hamet, les comptes-rendus de la Société centrale d'Apiculture, et des Associations départementales, sont d'éloquents interprètes de nos progrès apicoles.

On m'alléguera peut-être qu'en économie rurale en général, et pour ce qui est de l'apiculture en particulier, il
faut que la pratique, à un certain point, marche de front
avec la théorie, sous peine de voir les hypothèses remplacer souvent les réalités. C'est bien ainsi que nous l'entendons, et nous voulons montrer par des faits que les principes n'ont pas été séparés de leur application. Ce que nous
avons tenu seulement à constater, c'est que le progrès apicole, comme tous les progrès des industries diverses, doit

être tout d'abord scientifique, d'une pratique restreinte et en quelque sorte aristocratique, avant de se vulgariser dans une pratique générale.

Le côté spéculatif de la question du progrès apicole étant ainsi bien défini et même résolu, nous voulons maintenant aborder la pratique et montrer que la France n'est pas arriérée même sous ce rapport. Nous pouvons appeler ici en témoignage les produits divers et même les instruments apicoles étalés dans nos expositions : ils parleront plus haut que tous les raisonnements. Ils accusent, en effet, une meilleure manipulation du miel et de la cire. Le miel coulé et en rayons nous apparaît sous sa forme la plus pure et la plus gracieuse. Cette amélioration du plus doux et du moins coûteux des produits de notre industrie agricole, est due à une pratique plus rationnelle, et aussi à un perfectionnement des ruches à hausses et à magasins de miel.

La cire elle-même, cette branche si précieuse d'industrie, est maintenant livrée au commerce aussi bien épurée que possible ; et à Auxerre même la chimie a donné à la justice le moyen de constater la fraude et de la prévenir, en analysant la cire.

Les jurys chargés de décerner les récompenses, ont pu s'assurer que les ruchers bien tenus et bien dirigés ne sont pas plus rares dans le département de l'Yonne que dans les autres contrées de la France. Oui, il y a un grand nombre d'apiculteurs qui emploient les ruches perfectionnées, et suivent la pratique enseignée au Jardin du Luxembourg. Ils savent ainsi tirer le meilleur produit possible d'une industrie si longtemps négligée. Disons-le encore, la théorie des essaims artificiels, a, aujourd'hui, ses règles sûres et son application facile. L'utilité des bâtisses a été constatée en France, aussi bien que la supériorité de l'abeille italienne sur notre abeille indigène. On sait le moyen de se procurer des mères fécondes pour remplacer les mères sté-

riles ou invalides ; et la *loque* elle-même, ce terrible fléau
de l'apiculteur, peut être ou prévenue ou arrêtée par une
pratique rationnelle.

Voilà, succinctement, l'état de notre industrie apicole.
Que lui manque-t-il donc pour avoir atteint son dernier
complément? Nous devons le dire : c'est l'enseignement
pratique qui, seul, pourra vulgariser la science et l'emploi
des bonnes méthodes. Après avoir vaincu l'erreur dans son
principe, il la faut poursuivre jusque dans le préjugé et la
routine villageoise. C'est là son dernier retranchement qu'il
faut nécessairement emporter pour atteindre le couronnement de l'œuvre du progrès apicole.

Pour obtenir ce triomphe en même temps que la diffusion de la science, il y a plusieurs moyens : je veux indiquer
les principaux, qui résument en quelque sorte tous les
autres.

1º. Les Expositions régionales et cantonales ;

2º. Les Sociétés d'Apiculture générales, départementales
et cantonales ;

3º. L'enseignement pratique de l'Apiculture par les
instituteurs primaires.

Le premier moyen, les expositions et comices agricoles,
n'est pas une nouveauté pour notre département non plus
que pour le reste de la France. Mais pour ne parler que du
département de l'Yonne, je puis dire que les concours et
expositions de produits agricoles et apicoles y ont été depuis
quinze ans multipliés autant que possible : pas un seul
chef-lieu de canton qui n'ait eu ses comices, toujours si
utiles aux perfectionnements divers de l'industrie agricole.
Là, en effet, viennent se grouper et pour ainsi dire se con-
certer les meilleurs praticiens ; il se fait de l'un à l'autre
comme un échange de lumières et d'expériences qui dou-
blent les forces, et multiplient les initiatives individuelles.
En un mot, il y a là un commencement d'enseignement

pratique toujours fécond en bons résultats, surtout quand l'émulation des producteurs et des exposants est stimulée par des primes et des récompenses.

Et, à ce sujet, qu'il nous soit permis de remercier la Société centrale d'Agriculture de l'Yonne qui, dans les généreux encouragements accordés aux travaux des champs et à tout ce qui s'y rapporte, n'a pas dédaigné la culture des abeilles. Non, les apiculteurs n'oublieront jamais que les abeilles ou leurs produits ont pu figurer dans tous les comices ou expositions agricoles. Là, il n'y a eu ni exclusion ni arrière-pensée ; là, il y a eu des médailles et des primes pour tous les genres de mérite. Et tous les apôtres du progrès apicole, laïques et cléricaux, se sont concertés avec un égal dévouement pour donner un premier enseignement pratique, en attendant une organisation plus rationnelle et plus complète : car le but des expositions est moins d'enseigner que d'encourager.

Avouons-le, toutefois : ces encouragements sont loin de rester stériles pour la science et le progrès. En appelant sur un même théâtre les amateurs et les praticiens d'une industrie quelconque, on doit nécessairement finir par associer les intelligences pour les faire mieux fructifier. C'est ce que nous avons pu constater dans plusieurs départements où les exhibitions de produits apicoles ont enfanté des Sociétés d'Apiculture. Nous ne citerons que le département de l'Aube, parce qu'il est limitrophe de celui de l'Yonne et qu'il contraste singulièrement avec celui-ci, en ce qui touche à la culture des abeilles.

Il y a dans l'Aube une Société centrale d'Apiculture et plusieurs Sociétés cantonales, qui savent fraterniser au besoin et mettre en commun l'appoint de leurs expériences et de leurs découvertes. La Société centrale a pour président d'honneur M. le Préfet, qui ne croit pas abaisser son autorité en venant quelquefois présider lui-même ces modestes assises de la science apicole. La science, du reste, et la pratique apiculturales sont parfaitement enseignées par M. Vignole, par M. l'abbé Kanden et par plusieurs instituteurs.

Ce n'est pas tout. Le Conseil général même ne veut pas rester en arrière de générosité : il favorise ouvertement les associations apicoles, et il va jusqu'à leur allouer des fonds pour subvenir aux frais divers qu'elles occasionnent. Faut-il s'étonner, après cela, de voir l'apiculture si florissante dans le département de l'Aube ? Sa supériorité incontestable s'est manifestée à la dernière exposition apicole du Luxembourg. Les apiculteurs champenois ont fait là une vraie moisson de médailles. Douze lauréats et cinquante mille ruches dans une contrée relativement peu fertile en miel, voilà qui proclame assez haut les bienfaits de l'association.

Ajouterons-nous que la lèpre des arrêtés municipaux est inconnue sur cette terre du progrès apicole. Un Maire serait mal venu à persécuter une industrie que le premier magistrat, son supérieur hiérarchique, a prise sous son haut patronage.

Le but de l'association apicole est donc de réunir en faisceau toutes les expériences individuelles, de discuter les diverses méthodes et de faire jaillir la lumière de certaines données qui au premier abord semblent se contredire mais qui, examinées de plus près, finissent par se concilier et aboutissent à un résultat pratique. On conçoit que le curé de campagne, aussi bien que l'instituteur primaire, doit trouver sa place à côté des meilleurs praticiens dans ces réunions, où la science livre ses secrets les plus utiles à l'apiculture. De là à la diffusion générale des bonnes méthodes, il n'y a plus qu'un pas à faire. Le département de l'Aube en est la preuve : il a trouvé dans l'association tous les éléments d'un enseignement pratique encore restreint,

il est vrai, mais qui n'attend plus qu'une impulsion officielle pour pénétrer dans tous les villages.

On verra alors se réaliser le vœu de M. Wilson, l'intro-
ducteur de l'abeille Ligurienne en Australie : l'abeille, qui
semble créée tout exprès pour la chaumière, aura sa place
dans le petit jardin du cultivateur, et elle pourra donner
son miel à tous ceux qui travaillent et souffrent ; car c'est
pour eux que la Providence semble tenir en réserve ces
immenses trésors mellifères qui se perdent par une négligence coupable.

Toutefois, cette initiation du villageois à la science et à la
pratique de l'apiculture ne pourra s'effectuer complète-
ment que par l'enseignement primaire. Ce moyen vraiment
efficace, je l'avais indiqué en 1858 : mon projet qui fut
alors traité d'utopie, est aujourd'hui admis en principe
et recommandé par les Sociétés apicoles de France et d'Allemagne. Il n'attend pour être approuvé dans l'Yonne, que
l'existence d'une Société centrale d'apiculture, avec collaboration de plusieurs Sociétés cantonales.

Quelques essais ont déjà été tentés en ce sens, il y a
quelques années ; mais ils ont encore échoué devant l'in-
différence, et peut-être aussi devant l'égoïsme de certains
apiculteurs. Il est vrai que nous avons un commencement
d'association apicole pour les cantons réunis de Courson,
Coulanges-sur-Yonne et Saint-Sauveur ; mais Thury, localité choisie pour la réunion, n'étant pas central, la Société
ne peut représenter qu'une portion fort restreinte de notre
apiculture départementale.

Profitant de la circonstance d'une fausse appréciation
de notre production mellifère par la Société de Thury, qui
s'intitulait *Société d'Apiculture de l'Yonne*, je fis, en 1867, un
effort pour l'amener à se transformer en *Société générale
d'Apiculture de l'Yonne*, tenant ses séances à Auxerre. Mes
observations furent goûtées et encouragées par M. H. Ha-

met et plusieurs apiculteurs ; mais, je ne sais pour quelle raison, elles demeurèrent sans effet.

Espérons que nous serons plus heureux en 1873. On fera un appel général ; on fixera un lieu commode pour la réunion, qui se tiendra un jeudi, afin que les instituteurs aient la faculté de s'y rendre ; et nous aimons à croire que, dans l'intérêt du progrès apicole, on ne reculera pas devant quelques légers sacrifices.

Si nous avions besoin d'un stimulant pour secouer notre inertie, je pourrais citer le bon exemple donné par nos voisins d'outre-Rhin. L'Allemagne, malgré le peu de ressources qu'elle offre aux abeilles, est peut-être le pays du monde où la pratique de l'apiculture est le plus en faveur. Ce qui le prouve bien, c'est qu'elle possède plus de deux cents Sociétés apicoles, comptant leurs adhérents par centaines et par milliers, ayant chacune leurs organes de publicité, journaux ou revues périodiques qui, sous diverses dénominations, vont porter dans les campagnes le résumé des découvertes et les perfectionnements divers.

Ces communications de la presse apicole sont loin de rester stériles, car il y a près de la chaumière deux classes d'hommes qui rivalisent de zèle et d'abnégation pour propager tout ce qui peut concourir à la moralisation et au bien-être matériel des peuples : les ecclésiastiques et les instituteurs qui presque tous sont initiés aux secrets de l'apiculture.

Ces immenses progrès de l'industrie mellifère sont dus en grande partie au R. Dzierzon, curé en Silésie. Nommer Dzierzon, c'est faire connaître l'auteur de la pratique apicole dite *rationnelle*, suivie dans toute l'Allemagne. Par sa ruche à cadres et à rayons mobiles, ce nouvel Aristée semble avoir résolu le grand problème de l'apiculture, qui consiste à pouvoir se rendre maître du travail de l'abeille et de la direction des rayons, pour en extraire à son gré le miel et les essaims.

Quoiqu'il en soit de la supériorité de cette ruche, qui a été trop exaltée et peut-être aussi trop dépréciée, il faut avouer que sa forme et son mécanisme ont moins contribué à la prospérité de l'apiculture allemande que l'unité de méthode et de pratique. Par l'adoption d'une ruche qui se prêtait assez bien aux études et aux opérations, on a évité toutes ces divagations, tous ces essais infructueux qui absorbent et découragent très-souvent les efforts des apiculteurs novices allant à la recherche d'une ruche plus parfaite. Inutile d'ajouter que, pour la même raison, l'étude et l'enseignement de l'apiculture ont été simplifiés et plus facilement vulgarisés. Cette diffusion de la science apicole devait faire naître chez ses adeptes une estime et un respect en quelque sorte religieux pour l'insecte mellifère : c'est ce qu'on a pu constater dans la dernière guerre. Les ruchers ont rarement été violés par nos ennemis, et souvent il suffisait, pour obtenir le respect des soldats et même des chefs, de se dire apiculteur, de montrer son rucher, ou simplement de prononcer le nom de Dzierzon. On a vu même des soldats silésiens verser des larmes en considérant nos apiers ; car l'abeille, après la religion, était ce qui rappelait le mieux à ces soldats apiculteurs le souvenir de la chaumière et de la famille absentes.

On le comprend, je souffre dans mon patriotisme et je suis humilié d'être obligé d'aller chez nos envahisseurs chercher un exemple, afin de secouer notre léthargie et d'éveiller notre zèle pour l'apiculture. Je ne vais pas jusqu'à souhaiter pour ma patrie ces professeurs ambulants qui, en Allemagne, vont, au nom de l'administration, ou des Sociétés apicoles, répandre dans les campagnes l'amour et la pratique de l'apiculture. Je ne demande que les encouragements de l'Etat, la protection de la loi, ou tout au moins une grande liberté laissée à l'initiative privée.

Au lieu de cette bienveillance, qu'avons-nous bien sou-

RUCHE VITRÉE

A 4 divisions horizontales et verticales

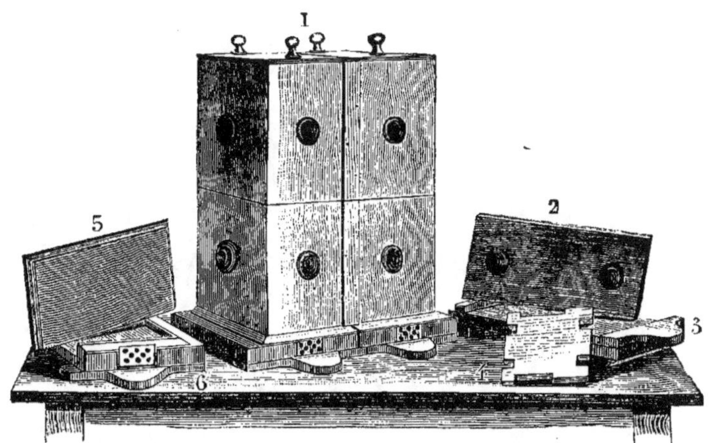

1° Ruche complète avec ses 4 compartiments unis ensemble par 4 planchettes
   et 12 vis, 12 lunettes d'observation.
2° Dessus d'un couvercle vu de face avec ses deux boutons.
3° Demi-tablier vu par dessous.
4° Plancher d'un compartiment avec 6 couvertures faisant communiquer le
   compartiment inférieur avec le supérieur.
5° Demi-couvercle vu par dessous avec sa feuillure.
6° Moitié du tablier vu par dessus avec sa grille d'entrée et ses deux tasseaux.

vent? Les entraves, les chaînes et quelquefois la proscription et la mort, éditées par les arrêtés municipaux contre les abeilles. Nous allons citer quelques exemples anciens et récents, qui prouveront trop bien que nos récriminations ne sont pas injustes.

J'ai dit que les initiatives sont parfois entravées; en voici une preuve entre tant d'autres. Il y a quelques années, le conseil municipal de la commune de Vulbens (Haute-Savoie) votait une somme pour la construction d'un abeiller dans le jardin des Sœurs institutrices et dans celui de l'instituteur communal. Un des considérants faisait valoir que donner du miel aux Sœurs, c'était en donner aux malades pauvres qu'elles soignaient avec un grand dévouement. Un autre considérant montrait l'instituteur initiant ses élèves aux bonnes méthodes professées au jardin du Luxembourg, et détruisant la vieille et aveugle routine de l'étouffage.

Ce projet méritait certainement d'être encouragé par une subvention départementale. Le contraire eut lieu : le préfet refusa son approbation. Je l'ai regretté ; car il arrive si rarement de voir l'industrie et la charité se donner la main pour marcher ensemble dans la voie d'un progrès utile, que j'aurais été heureux de faire honneur à l'autorité de cette précieuse initiative d'enseignement pratique apicole donnée par les instituteurs primaires.

Les prétentions arbitraires de l'autorité sont allées plus loin encore. Un maire, celui d'Ecauville, pour un motif bien futile : une piqûre d'abeille infligée à une dame sans grave inconvénient, n'hésita pas à porter un arrêté qui défendait aux apiculteurs d'avoir plus de trois ruches dans leur apier.

On m'alléguera peut-être que cet acte d'intolérance doit être mis à la charge d'un régime despotique, aussi bien que d'autres arrêtés auxquels il a été fait allusion au Con-

grès scientifique d'Auxerre, en 1858. Soit ; je laisse de côté
a politique qui n'a rien à voir ici. Mais voici un arrêté qui
a été pris sous la troisième République, dans un département où les idées libérales sont en faveur, dans une ville
très-démocratique. Cet arrêté, qui surpasse tous les autres
en rigueur, est celui de M. le Maire d'Auxerre, édité en
l'an de grâce 1872. Je dois le rapporter en son entier, et en
discuter la teneur et les conséquences au point de vue de
notre apiculture départementale.

II.

ARRÊTÉ DE M. LE MAIRE D'AUXERRE CONTRE LES ABEILLES.

« Le Maire de la ville d'Auxerre,

« Vu les lois en vigueur et l'arrêté du Conseil d'Etat du
« 30 mars 1867 ;

« Considérant que de graves inconvénients peuvent ré-
« sulter des ruches d'abeilles placées à proximité des habi-
« tations et des chemins publics ;

« Vu les plaintes adressées à ce sujet ;

« Arrête :

« Il est défendu d'établir des ruches d'abeilles à moins de
« cent vingt-cinq mètres des habitations et des chemins
« publics.

« Toutefois, les ruches qui se trouvent actuellement à
« une distance moindre, ne pourront être déplacées avant
« l'époque déterminée par la loi du 28 septembre 1791, ti-
« tre 1er, section 3, art. 4, c'est-à-dire avant le mois de dé-
« cembre prochain : tous droits réservés aux personnes qui

« auraient à souffrir dès maintenant du voisinage de ces
« ruches.

« La gendarmerie, le commissaire de police et les gar-
« des-champêtres sont, aux termes des lois précitées, char-
« gés d'assurer l'exécution du présent arrêté. »

Je me suis demandé tout d'abord qu'elles pouvaient être
les visées de ce splendide hors-d'œuvre administratif.

Les ruches ne peuvent être que très-rares dans une ville
comme Auxerre, où tant d'obstacles s'opposent à leur développement. Aussi bien les inconvénients doivent-ils être
imperceptibles, puisque les abeilles de la ville ne sont ni
plus voraces ni plus féroces que celles de la campagne. Il
me souvient, en effet, d'avoir vu autrefois quelques ruches
dans le jardin du petit Séminaire d'Auxerre, à sept ou huit
mètres seulement du Jardin botanique, et à égale distance
de la cour où les élèves prenaient leurs bruyants ébats aux
heures de récréation ; et je ne sache pas qu'on ait jamais
eu à se plaindre de la piqûre des abeilles.

Il fallait, cependant, que ce grand coup d'épée eût un but
bien déterminé. J'ai cherché en vain quel il pouvait être.
A en croire certaines rumeurs, il s'agissait d'exécuter quelques ruches d'amateurs et autres, contre lesquelles on avait
formulé des plaintes plus ou moins sérieuses.

Je n'ai pas à discuter la valeur de ces plaintes. Laissant
donc de côté les petites passions et les personnalités qui ir-
ritent le débat sans profit pour la vérité et la justice, je dirai seulement que les griefs ordinaires tirés de l'aiguillon
des abeilles, ne suffisaient pas pour motiver une exclusion
si radicale dans le fond et si solennelle dans la forme.

Non, je n'aurais jamais supposé qu'il fût besoin de tant
de fracas répressif, de l'épouvantail du garde-champêtre,
du commissaire de police, voire même du gendarme, pour
amener quelques ruches plus ou moins isolées à quitter un
verger, un jardin et un parterre, où elles avaient été admi-

ses par le désir de contempler leur industrieuse activité.

Encore une fois, à quoi bon tant d'apparat, quand une toute petite enquête de *Incommodo*, un mot dit tout bas à l'oreille par le plus petit fonctionnaire, auraient suffi pour éviter le scandale d'un arrêté si retentissant! Oui, ce fut bien un grand scandale que cet arrêté du Maire de la première ville du département de l'Yonne, donnant aux habitants et aux maires des communes rurales l'exemple et comme le signal de l'intolérance contre les ruches.

On me dira peut-être que telle n'était pas l'intention de monsieur le Maire d'Auxerre. Certes, je le crois bien volontiers. Je lui suppose même les idées les plus philanthropiques; mais après avoir rendu hommage à ses bonnes intentions, il me sera bien permis de qualifier son acte et d'en signaler les funestes conséquences au point de vue de l'apiculture départementale.

Nous le disons donc nettement: c'était une malencontreuse mesure que celle proscrivant les abeilles d'Auxerre, à la veille du Comice agricole qui devait décerner des récompenses à l'industrie apicole, et à l'instant même où quelques cultivateurs d'abeilles se concertaient sur l'opportunité d'une Société d'apiculture départementale. Et puis, quelle étrange anomalie dans cet arrêté du premier magistrat d'une ville très-démocratique, suspendant ainsi l'épée de Damoclès sur les ruchers de tous les petits propriétaires!

Avant le Comice agricole, je fis part de mes craintes à M. A. Savatier-Laroche, secrétaire de la Société centrale d'Agriculture de l'Yonne, qui crut me rassurer en observant que cet arrêté regardait seulement la ville d'Auxerre, et qu'il ne pouvait être applicable aux ruches de la campagne. Il m'avoua, du reste, que plus de quinze apiculteurs étaient déjà venus lui faire part de leurs alarmes à ce sujet.

Ces alarmes ne devaient pas être vaines, car plus l'exemple vient de haut, plus il est contagieux. Je le dirai, toutefois : en communiquant mes pressentiments à M. Savatier-Laroche, j'étais loin de supposer qu'ils seraient sitôt réalisés à l'endroit des ruchers de Mailly-la-Ville.

A peine l'arrêté de M. le Maire d'Auxerre avait-il paru dans les journaux du département, que plusieurs habitants de Mailly-la-Ville vinrent, le journal en main et la menace sur les lèvres, réclamer pour leur commune une réglementation semblable à celle que M. le Maire d'Auxerre avait publiée contre les abeilles.

M. le Maire de Mailly-la-Ville résista longtemps. A la fin, cédant aux instances, le 18 août 1872, il publia un arrêté qui, dans son ensemble, est une copie de celui de M. le Maire d'Auxerre, repoussant les ruches à cent vingt-cinq mètres des chemins et des habitations. Par l'effet de cet arrêté, les douze ruchers de Mailly-la-Ville étaient condamnés à la déportation ou plutôt à la mort, pour les raisons que nous donnerons plus loin.

J'étais seul à pouvoir garder un rucher en l'éloignant de quelques mètres. Il eût été peu généreux de ma part de vouloir profiter de l'avantage de ma position.

Pour le bien général de l'apiculture, dans l'intérêt même de l'autorité poussée à une réglementation arbitraire et excessive, j'ai cru devoir prendre fait et cause pour les petits propriétaires, et je me suis joint à eux pour adresser à M. le Préfet d'abord, et ensuite à Monsieur le Ministre de l'Agriculture la réclamation dont suit la teneur.

III.

RÉCLAMATION DES APICULTEURS DE MAILLY-LA-VILLE

A Monsieur le Ministre de l'Agriculture et du Commerce.

Nous, soussignés, cultivateurs d'abeilles, domiciliés à Mailly-la-Ville (Yonne), avons l'honneur d'exposer à Monsieur le Ministre de l'Agriculture que l'arrêté de Monsieur le Maire de Mailly-la-Ville, en date du dix-huit août 1872, fixant à cent vingt-cinq mètres la distance qui doit exister entre les ruchers et les routes et habitations, est évidemment arbitraire, opposé aux vrais intérêts de l'agriculture et destructif de l'apiculture. (1)

Nous ne voulons pas ici discuter longuement cet arrêté au point de vue de la science, de la légalité et des intérêts agricoles. Sous ces divers rapports, un mémoire spécial viendra bientôt à l'appui de notre réclamation.

Quoi qu'il en soit, il nous a paru utile d'examiner dès maintenant pourquoi l'industrie apicole a été quelquefois entravée par une réglementation arbitraire.

On connaît le principe de l'ancien droit romain, qui fait de l'abeille un insecte farouche et intraitable : *Apium fera natura est* (Ins. lib. II. tit. 1. pars 14).

Or, cette erreur, admise par nos anciennes coutumes pro-

---

(1) Eu égard aux motifs ci-après énoncés, M. le Maire de Mailly-la-Ville vient de suspendre l'effet de son arrêté sur les abeilles. Il attend la promulgation de la nouvelle loi sur l'apiculture, qui doit être insérée dans le Code rural.

D'après le projet de loi, les abeilles, mieux connues, rentreraient dans le droit commun : leur propriétaire serait responsable du dommage qu'elles pourraient causer, et elles échapperaient ainsi à l'arbitraire de la réglementation municipale.

vinciales, s'est continuée parmi nous, soutenue qu'elle était par la peur villageoise et par les droits féodaux hostiles à la vulgarisation de l'apiculture. La féodalité a disparu, mais les préjugés sont restés. De là vient sans doute la facilité à écouter les plaintes et à y donner satisfaction par des arrêtés plus ou moins sévères. Il n'eût fallu, cependant, qu'un peu d'attention pour se convaincre que l'abeille n'est pas dangereuse, et qu'elle peut même vivre en bonne intelligence avec quelques-uns de nos animaux domestiques.

Et s'il est vrai de dire que son aiguillon est sans merci pour les pillards ou les agresseurs, au demeurant, elle est pacifique et s'apprivoise facilement.

Aussi bien ne sera-t-il pas inutile d'ajouter que si, parfois, l'abeille est incommode à cause de ses piqûres, cet inconvénient est largement compensé par les services qu'elle rend à la sylviculture, à l'arboriculture, à l'horticulture et à l'agriculture.

En effet, dans le plan de la création, l'abeille, avec le souffle du vent, est chargée de propager la poussière fécondante des fleurs et de préparer la fructification.

Ce n'est pas tout. A l'époque où les arbres exsudent leur rosée mellifère, les abeilles viennent la recueillir sur les feuilles, et débarrassent ainsi d'une concrétion anormale et maladive leurs organes respiratoires. C'est ainsi que l'abeille concourt à la conservation des arbres en même temps qu'à leur fructification et à leur reproduction.

Que serait-ce si, entrant plus avant dans le sanctuaire de la science, nous montrions notre insecte mellifère chargé par le Créateur de développer les merveilles du règne végétal en favorisant l'hybridation des plantes et des fleurs, en les perfectionnant et les variant à l'infini par le croisement des différentes espèces de pollen ?

A tous ces titres, l'abeille doit donc trouver place dans la pépinière de l'horticulteur aussi bien que dans le verger du cultivateur. Voilà pourquoi les Allemands, nos maîtres en beaucoup de choses, ont voulu faire de la ruche un appendice du verger et de la maison rustique.

Demandez au cultivateur des bords du Rhin pourquoi ses arbres sont toujours chargés de fruits ? il vous répondra en montrant ses ruches fertilisantes. Cette observation fut consignée dans le *Moniteur* du 27 janvier 1855, mais elle passa presque inaperçue ; et la plupart de nos villageois en sont encore à reprocher à l'abeille sa voracité à l'endroit des fleurs et des fruits. De là, leur intolérance et par suite l'abandon et une sorte de proscription de l'apiculture au moyen des arrêtés municipaux.

Mais revenons à la question légale, et disons-le nettement : nous nous refusons à croire que la loi de la première République, proclamant la liberté de l'apiculture, puisse être abolie aujourd'hui par l'application d'une autre loi de la même République donnant aux Maires le droit de prendre des arrêtés pour la police et la sécurité publiques.

Les lois doivent se concilier, aussi bien que les industries et les intérêts divers, au moyen d'une tolérance réciproque ; et dans le doute ou le litige, il faut appeler les faits et l'expérience pour éclairer le droit et en diriger l'exercice.

Or, voici un fait qui parle éloquemment en faveur de nos ruchers. La coutume de placer les ruches à proximité des routes et des habitations existe à Mailly-la-Ville, comme dans les localités environnantes, dans tout le département de l'Yonne et même dans toute la France, depuis plus de cinquante ans. Si elle avait créé des dangers pour la sûreté publique, il y a longtemps qu'elle aurait été interrompue par une loi, puisque le danger ou plutôt l'expérience du dommage aurait été générale aussi bien que la coutume. Mais non ; la loi se tait, les plaintes sont très-rares, et les arrêtés municipaux sont inconnus dans la plupart de nos départements.

Il faut donc en conclure que les griefs mis à la charge des abeilles ne sont pas sérieux ; une enquête ferait même voir qu'ils sont presque toujours inventés par la peur et par les petites passions locales.

Pour ce qui est de Mailly-la-Ville en particulier, une enquête donnerait la preuve qu'il n'est jamais résulté du voisinage de nos ruches un dommage réel pour les personnes ou les choses.

L'enquête démontrerait également qu'un arrêté repoussant les ruches à cent vingt-cinq mètres des chemins et des habitations, rendrait l'apiculture impraticable dans le département de l'Yonne où la propriété est très-morcelée, surtout à Mailly-la-Ville, où les inconvénients du morcellement sont plus que doublés par les routes qui sillonnent le territoire en tous sens.

Et pour montrer que nous ne produisons point ici un sentiment dicté par un intérêt personnel, Monsieur le Ministre voudra bien nous permettre de lui citer l'opinion des hommes de la science agricole.

Au Congrès scientifique de France, dans la vingt-cinquième session, tenue à Auxerre en 1858, Monsieur Ch. Lepère, aujourd'hui député de l'Yonne à l'Assemblée nationale, alors secrétaire du Congrès et de notre Société centrale d'Agriculture, disait avec beaucoup de raison : « Exiger que les abeilles soient placées à cent mètres des routes, habitations ou jardins, ce serait paralyser entièrement l'industrie apicole..... Ce serait la rendre impraticable pour les petits propriétaires. » Et cette opinion favorable au progrès était partagée par les agronomes les plus éminents de France, qui dès lors émettaient un vœu conforme à ce sentiment.

Ce qui était vérité alors l'est encore aujourd'hui. Or,

si un éloignement de cent mètres a toujours paru une condition intolérable pour l'apiculture en général, que doit-
on penser de la distance de cent vingt-cinq mètres imposée par l'arrêté de Monsieur le Maire de Mailly-la-Ville?
Nous restons dans la vérité en soutenant que cet arrêté est
bien réellement un arrêté de mort édicté contre les douze
ruchers de Mailly-la-Ville. En effet, pour nous y confor-
mer, nous devrions porter nos ruches au milieu de la campagne, d'où les propriétaires voisins les repousseraient au
nom de la liberté de pacage et de culture.

Voilà pour quels motifs nous venons prier Monsieur le
Ministre de l'Agriculture de vouloir bien annuler l'arrêté
de Monsieur le Maire de Mailly-la-Ville.

Dans le cas où Monsieur le Ministre ne croirait pas pouvoir ou devoir provoquer cette mesure, nous le prierions
de vouloir bien au moins faire suspendre l'exécution de
l'arrêté susdit, jusqu'à ce que le Conseil d'Etat, saisi de
notre réclamation, ait fait introduire dans le Code rural une
loi favorable à la liberté de l'apiculture.

Il n'y a pas péril en la demeure, puisque l'article 1385
du Code civil nous rend responsables du dommage causé
par nos abeilles, et que, d'ailleurs, le maintien du *statu quo*
pour nos ruchers a plus d'un demi-siècle de bons antécé-
dents qui sont une garantie suffisante pour la sécurité publique.

Ont signé : BERTRAND. — CAMBUZAT. —
LEGRAND.— FOIN, Adrien.—
FOIN, Jules. — LÉTOT. —
MOSDIER. — BEAU.

IV.

UTILITÉ DES ABEILLES AU POINT DE VUE DE LA FRUCTIFICATION, DE L'HYBRIDATION ET DE LA SANTÉ DES PLANTES.

Est-il vrai que les abeilles, en butinant sur les fleurs et sur les feuilles, favorisent la végétation et préparent la fructification ?

Cette question, si intéressante pour l'agriculture, a été diversement résolue par les cultivateurs et par les naturalistes.

Je dois l'avouer, malgré les dénégations et les raisonnements de certains agriculteurs, il y a longtemps que j'ai cru devoir trancher la question dans le sens de l'affirmative.

Une pétition ne comportant pas une dissertation sur cette matière, je n'ai fait, précédemment, qu'énumérer les nombreux services rendus par les abeilles, en appuyant mon jugement sur l'autorité des experts et des savants.

Je viens en ce moment développer les raisons qui ont motivé ce jugement. C'est avec le flambeau de la science que nous allons essayer de sonder les mystérieux phénomènes de la végétation et de la fécondation des plantes. L'expérience d'autrui nous servira de guide pour marcher plus sûrement, sinon à de nouvelles découvertes, au moins à la démonstration des vérités connues.

Il m'est arrivé bien des fois d'entendre les petits cultivateurs et même des agriculteurs éminents soutenir que les abeilles, loin d'être utiles à la végétation et à la fructification, leur étaient au contraire très-préjudiciables. Leur assertion s'appuyait sur un raisonnement assez spécieux.

Les abeilles, disaient-ils, en butinant la poussière des étamines et les principes sucrés contenus dans les nectaires ou glandes mellifères, enlèvent certainement aux fleurs des éléments utiles à la fertilisation des ovaires, tandis qu'elles ne sont que des auxiliaires douteux ou inutiles pour la dissémination des molécules du pollen. Ces molécules, d'ailleurs, doivent trouver un propagateur suffisant dans une attraction naturelle aidée par le souffle du vent.

Avant de combattre ce raisonnement, nous voulons lui prêter une nouvelle force en l'appuyant sur les données de la science. Si nous soumettons à la même analyse chimique les diverses récoltes des abeilles, nous trouvons que le miel et le pollen de la ruche se composent des mêmes éléments que les poussières fécondantes des étamines et les principes sucrés encore enfermés dans le calice des fleurs.

Pour ce qui est du miel, qu'il ait été recueilli sur les feuilles ou sur les fleurs, le résultat de l'analyse ne sera guère différent : les principes essentiels seront les mêmes, car on retrouvera la matière sucrée dans le miel des feuilles aussi bien que dans le miel des fleurs. Il y aura, toutefois, dans le premier des acides organiques plus abondants; mais en somme, dans les deux on rencontrera du sucre cristallin et du sucre liquide non cristallisable, aussi bien qu'une matière grasse et colorée, et des principes azotés.

On est donc forcé d'admettre que les abeilles vont recueillir sur les fleurs et sur les feuilles des éléments qui peuvent être mis à contribution pour la fécondation des ovaires.

Quant au pollen de la ruche, si on le compare avec celui qui n'a pas encore été butiné par les abeilles, l'analyse chimique prouvera que les éléments sont absolument les mêmes dans les deux cas. Il faut, bien entendu, pour cette analyse comparative tenir compte de la diversité des provenances, attendu que le principe sucré et les poussières fertilisantes ont toujours quelque analogie avec les sucs spéciaux des plantes qui les ont produits.

Il est donc bien établi que les provisions recueillies par les abeilles se composent de plusieurs éléments plus ou moins utiles à la reproduction des végétaux : sur ce point la chimie nous met tous d'accord.

Reste à savoir, maintenant, si ces éléments essentiels ne sont pas surabondants, et si les abeilles, en s'en emparant, ne remédient pas à un trop plein de sucs et de sève, qui n'est pas sans danger pour les plantes et les fleurs.

Là est toute la question. Pour la résoudre, j'invoquerai une longue expérience, corroborée par le témoignage des agronomes les plus compétents.

Et d'abord, examinons attentivement les différentes phases des fonctions et de la vie des feuilles. Ici se présentent des faits vraiment curieux à étudier. Nous sommes à la fin du printemps ou au commencement de l'été : vous apercevez sur les feuilles une substance grasse et sucrée qui de temps à autre est rejetée par les organes respiratoires des feuilles. Assurément, si cette déperdition de sucs se produisait aux dépens des fonctions normales et de la nutrition des plantes et des fleurs, il faudrait aviser aux moyens de l'arrêter. C'est le contraire qui arrive : il n'y a là qu'un exutoire très-utile ; nous allons le montrer en étudiant de près ce phénomène.

Voici, d'après un grand nombre de naturalistes, ce qui donne lieu à cette miellée végétale, connue sous le nom vulgaire de *Manne*. La sève, contrariée par un vent froid et quelquefois par une longue sécheresse, est pour ainsi dire refoulée et concentrée. Mais attendez, voici venir une température plus propice : la chaleur s'unit à l'humidité ; une douce rosée, la pluie et l'électricité de l'air dilatent les tiges et les feuilles des plantes, et voilà que les principes sucrés destinés à procurer la fécondation et à nourrir les ovaires, ne trouvant pas une issue suffisante dans les conduits qui vont à la fleur, se précipitent par ceux qui mènent aux organes respiratoires. Cette sève plus ou moins sucrée semble briser un obstacle, car on la voit souvent jaillir avec force et maculer de ses gouttelettes les feuilles, les fleurs et les plantes environnantes.

J'ai dit que ces sucs étaient surabondants; mais lors même qu'ils ne le seraient pas, dès l'instant qu'ils sont extravasés et entassés à l'entrée des organes respiratoires, il est urgent de les faire disparaître dans l'intérêt de la végétation. Pour vous en convaincre, recouvrez d'un liquide gras ou sucré les feuilles d'une plante, et bientôt vous la verrez languir et s'étioler; il y a même certaines plantes pour lesquelles cette expérimentation serait mortelle.

Mais vous n'avez rien à craindre de la miellée végétale obstruant les organes des feuilles : le divin Ordonnateur de toutes choses y a pourvu. Il a créé une multitude de petits infirmiers ailés qui se montreront très-empressés à purger les feuilles des sucs qui les encombrent, d'autant plus que le travail deviendra pour eux une agape.

Qui de nous, par une chaleur étouffante, se reposant à l'ombre d'un chêne, d'un saule, d'un tilleul ou d'un ormeau, n'a entendu quelquefois un joyeux bourdonnement ? En prêtant l'oreille, on distingue le chant de l'abeille dominant tous les autres ; un regard attentif fera voir notre insecte mellifère, fort de son aiguillon, disputant à de timides et inoffensifs concurrents le plaisir et le lucre de cette bienfaisante rapine. Ne la troublez pas dans son labeur, car ce n'est pas seulement dans son intérêt et pour le bien de la végétation qu'elle opère ; cette butineuse infatigable va sans doute accumuler ses provisions pour les besoins de sa progéniture, mais ce sera avec le plus de surabondance possible et au profit du cultivateur qui lui prodigue ses soins.

C'est ainsi qu'il y aura entre les plantes et les insectes.

entre les insectes et l'homme réciprocité de bienfaits. Que l'homme, de son côté, envoie à Dieu l'hymne de la reconnaissance, et le but de la création sera rempli, l'harmonie sera parfaite.

Mais, continuons notre étude ; suivons l'abeille sur les fleurs. Ici, la rapine semble moins innocente. Sur les feuilles, il s'agissait d'une substance extravasée, surabondante et par conséquent inutile: en sera-t-il ainsi du pollen et du miel butinés sur les fleurs? La fructification résultant du mélange de la poussière des étamines et du principe sucré des nectaires, pourra-t-elle s'opérer, si les abeilles enlèvent ces principes fécondants?

La réponse nous viendra des faits. Voulez-vous vous faire une idée de la richesse étonnante des éléments de la fécondation dans les fleurs, après avoir considéré la surabondance des principes sucrés forcée de s'échapper par les organes respiratoires? Secouez doucement une tige de chanvre, une branche d'if, de saule ou de coudrier en pleine floraison, et vous verrez s'élever des fleurs ou des chatons comme un nuage de poussière fécondante. Or, quand on sait qu'il suffit de quelques molécules déposées sur le pistil et unies au miel des nectaires pour procurer la fertilisation des ovaires ; quand, d'ailleurs, il y a profusion de matière sucrée, faut-il se préoccuper beaucoup de la rapine des abeilles? Non, assurément.

Je vais plus loin, et je soutiens, avec Bosc et plusieurs autres naturalistes et agronomes, que l'abeille butinant sur les fleurs est le meilleur agent de la fécondation. En effet, en ouvrant les bourses des étamines pour composer ses pelottes de pollen, elle en disperse les particules. Il y a plus, elle les porte sur les nectaires et le pistil. C'est ainsi que le mélange fécondant qui souvent est contrarié par le froid et par d'autres circonstances atmosphériques, est providentiellement facilité par le travail des abeilles.

Un autre avantage résulte de la cueillette du miel et du pollen opérée par les abeilles : c'est le croisement des différentes espèces de poussière des étamines qui sont alternées et mélangées, je dirai presque à l'infini, sur des espèces ou des sujets différents, de façon à procurer cette merveilleuse hybridation des plantes et des fleurs qui fait le charme de nos parterres en même temps qu'elle embellit nos tables, en variant la forme, la saveur et la couleur des fruits. Telle est l'opinion d'un savant pépiniériste-horticulteur qui appelait les abeilles *ses meilleures coadjutrices*.

Que penser, après cela, des accusations de nos villageois qui redoutent pour les fleurs la voracité des abeilles ?

Nous avons dit ailleurs que les abeilles ne sont nullement à craindre pour les fruits de nos vergers.

Concluons donc maintenant avec Bosc, que les abeilles, en remédiant à certaine exubérance de la sève et en facilitant l'hybridation et la fructification, sont infiniment plus précieuses par les services qu'elles rendent à l'agriculture en général que par le produit du miel et de la cire.

Au lieu de la proscription, c'est donc une loi protectrice qu'il faudrait réclamer pour les abeilles !

V.

COMMENT LES ABEILLES S'APPRIVOISENT.

L'homme est le roi de la nature. Par la force, aidée de l'intelligence, il peut s'assujétir tous les animaux. Le lion lui-même et les autres bêtes féroces ne peuvent échapper à sa domination qu'en se cachant dans le désert et dans la solitude des forêts.

Pour d'autres animaux, le voisinage de l'homme est une sauvegarde : que deviendrait, en effet, la brebis sans la protection du berger ?

Ainsi en est-il des oiseaux : plusieurs espèces viennent abriter leur couvée à l'ombre de la chaumière, tandis que d'autres, comme l'aigle et le vautour, semblent redouter la présence de l'homme et comprendre qu'il est le protecteur de leurs victimes.

Il en est de même pour les insectes. La guêpe, le frelon et les autres pillards incapables de nous servir, opposent leur aiguillon à notre autorité ; et s'ils viennent quelquefois près de nos maisons, c'est pour s'attaquer aux fruits de nos vergers et aux insectes mellifères qui gardent pour nous le superflu de leurs provisions.

On peut remarquer, du reste, que les animaux les plus utiles à l'homme et les plus faciles à apprivoiser, ont été doués par le Créateur d'un instinct merveilleux qui serait de l'intelligence, s'il était accompagné de la raison et de la liberté. Faut-il citer en témoignage le chien et le cheval, chez lesquels tous les sens ont un tel degré de supériorité qu'ils déconcertent souvent les données de la science humaine ?

Or, cette sagacité de l'instinct se retrouve dans une foule d'insectes à un degré éminent. Pour ne parler que de l'abeille, nous pouvons dire que tout en elle est admirable. Comparez son travail à celui des autres insectes, et vous aurez une idée de la perfection de son talent et de tout ce qui doit le servir. L'ingénieuse structure des rayons, leur plan régulier, ou combiné de façon à utiliser tous les recoins de la ruche, leurs petites cases ou cellules hexagonales défiant le compas du meilleur architecte, la pureté et la saveur de ce miel convoité par tant d'ennemis jaloux : tout chez notre insecte mellifère, appelle l'admiration, je pourrais même dire la reconnaissance, puisque le miel et la cire sont là pour justifier ce sentiment.

Le miel, chez les païens, était le mets des dieux, il paraissait à côté de l'ambroisie. Le Christianisme a laissé le miel à l'homme, mais il a revendiqué une partie de la cire comme une reconnaissance du souverain domaine du Créateur et un hommage de notre dépendance. Aussi bien, la religion catholique, en bénissant le travail, n'oublie pas de glorifier l'ouvrière. Dans un touchant office qui, à travers les ombres de la mort, laisse entrevoir la gloire de la résurrection, elle joint à ses chants le nom de la mère-abeille: *Mater apis eduxit.* Si le miel appelle l'affection, la cire, on le voit, provoque une sorte de religieuse gratitude, puisqu'elle se mêle au culte divin.

Je sais bien que pour autoriser la répulsion, je dirais presque la proscription, certains arrêtés municipaux ont fait intervenir la crainte de l'aiguillon. Je dois l'avouer, le miel et le dard empoisonné, qui se touchent chez l'abeille, symbolisent parfaitement ce monde terrestre, où le bien et le mal sont si souvent confondus. Il y a, toutefois, une différence qu'on ne saurait assez faire ressortir, c'est que l'aiguillon, chez l'abeille, est un bienfait pour l'homme, puisqu'il est le vigilant gardien et le défenseur inflexible des trésors mellifères qui excitent la convoitise des autres insectes et de presque tous les animaux. Je tiens à le répéter, sans le dard empoisonné nous n'aurions pas le miel, car l'abeille, impuissante à le défendre, aurait cessé d'exister.

Je pourrais m'étendre bien davantage sur la description des merveilleuses facultés de l'abeille : notons les principaux traits. Quelle sûreté de coup d'œil pour reconnaître, à première vue, non-seulement sa propre ruche mais encore chacune de ses habitantes, parmi les milliers et les millions d'abeilles des ruches voisines! Sans doute, le goût et l'odorat viennent au secours de la vue pour la connaissance des objets aussi bien que pour le choix des fleurs et pour le travail intérieur de la ruche, presque toujours enveloppé de ténèbres. Que dire aussi de la délicatesse du toucher et de la finesse de l'ouïe, qui savent se passer de la parole ? Que l'ennemi attaque la demeure commune, aussitôt, sur l'avis d'une seule abeille, mille abeilles d'accourir. Un trésor de miel a-t-il été découvert par une heureuse butineuse, elle vient aussitôt prévenir ses sœurs de la ruche. Que s'est-il passé ? qu'a-t elle dit ? qu'a-t-elle fait ? Je ne sais ; je n'ai rien entendu, rien remarqué. Je n'ai vu qu'une seule chose : une nuée d'abeilles se précipiter pour aller prendre possession du butin, et souvent le disputer à une étrangère qui n'a pas eu la priorité dans la bonne trouvaille.

Mais, pourquoi insister aussi longtemps sur l'admirable instinct de l'abeille, quand il s'agit de montrer qu'elle peut s'apprivoiser ? La réponse se présente d'elle-même, ou plutôt c'est l'expérience qui la donne. Elle nous dit que plus les sens sont perfectionnés chez un animal, plus cet animal se pliera à la volonté de l'homme et même à ses caprices. Nul n'ignore ce que l'éducation a obtenu du chien et du cheval. Eh bien ! je puis le dire, l'abeille ne sera pas plus indocile, si son éducateur sait mettre à profit son industrieuse activité et le fond même de sa nature.

Butiner le miel, préparer la cire et les cellules en vue de la progéniture, en un mot, l'instinct de conservation : voilà l'unique ressort qui fait mouvoir l'abeille. Ardente à la cueillette du miel, elle le sera pour sa défense, si les pillards se présentent. Il faut donc ménager ses susceptibilités et ne pas s'opposer de front à des goûts et à des passions qui, chez elle, sont une condition d'existence.

Nous aurons à montrer comment ces précautions peuvent s'allier avec la récolte du miel et de la cire. Nous n'avons pas l'intention de préconiser ici les diverses méthodes de l'anesthésie par le chloroforme, le sel de nitre, etc. Ce sont là des procédés violents, qui ne font qu'endormir l'irritation sans en détruire la cause. Ce que nous voulons en ce moment, c'est indiquer les moyens naturels et pour ainsi dire moraux, qui peuvent adoucir le caractère de l'abeille et la familiariser avec l'homme et les animaux.

Là est le secret, objectera-t-on. Soit ; mais ce secret, je vous le livre, il est tout entier dans ce vieil adage : « On prend plus de mouches au miel qu'au vinaigre ; » ou en d'autres termes : « Plus fait douceur que violence. »

Oui, je puis le certifier, le miel, la douceur, unie à la prudence, voilà les vraies baguettes magiques qui feront merveille pour apprivoiser les abeilles. Cette vérité pourrait se passer de démonstration, car le simple bon sens nous dit qu'un insecte qui reconnaît si bien les fleurs et les plantes mellifères, ne saurait méconnaître la main bienfaisante qui lui vient en aide aux jours de détresse.

Mais, pour ceux qui ne se rendent qu'à l'évidence, je veux citer des faits multiples dont je puis garantir l'authenticité.

Je connais un apiculteur qui, en s'adressant aux convoitises et aux besoins de l'abeille, en a obtenu des résultats si extraordinaires, si merveilleux, que des villageois superstitieux les attribuèrent à une science occulte. Comment, en effet, auraient-ils pu expliquer naturellement que les abeilles d'une ruche fussent capables de reconnaître leur maître, de lui faire cortége, de le choyer, de voltiger autour de son visage, de se laisser manipuler, transporter, repousser et quelquefois même dépouiller, sans témoigner la moindre irritation ? Et pourtant, j'ai vu tout cela ; et ce qui est plus étonnant encore, j'ai vu les abeilles se présenter en mendiantes importunes, chercher jusque dans les plis du manteau de leur propriétaire, et même venir, dès le matin, le saluer en bourdonnant à la porte ou à la fenêtre de sa chambre.

Je vous entends crier à l'exagération ! Ce sont là, cependant, des prodiges qui ont acquis une sorte de publicité, puisqu'ils ont donné lieu à un commencement de poursuite judiciaire. Il s'est trouvé, en effet, un bon villageois qui, voyant dans tout ceci le fait de la magie, en redoutait l'influence pour son apier. Il confia ses tristes pensées à un garde-forestier, qui ne fit que les assombrir, en lui racontant qu'il avait vu le même apiculteur produire des effets également prodigieux, au moyen de je ne sais quel instrument qui vomissait de la fumée. Cette fumée était introduite sous une ruche ; et après quelques minutes, la ruche, soulevée, laissait apercevoir un monceau d'abeilles inanimées qu'il était facile de retourner, de manipuler, sans aucun inconvénient. Puis, quand l'opérateur s'était emparé de la reine, il replaçait la ruche sur les cadavres d'abeilles qui, presque aussitôt, revenaient à la vie. Leur réveil s'annonçait par un léger bruissement qui allait toujours croissant, jusqu'à ce que l'essaim tout entier fût en pleine révolution. Ce n'était partout qu'abeilles sortant, voltigeant, puis rentrant et battant des ailes. Mais une reine n'était pas plus tôt rendue à l'essaim, que tout rentrait dans le calme habituel.

En entendant ce récit du garde-forestier, notre villageois ne pouvait contenir son émotion. Enfin, avec un ton de tristesse mêlée d'indignation : — Voilà qui m'explique bien, dit il, la fuite de mes abeilles. Les rares essaims que je parviens à arrêter, dédaignent les ruches que je leur propose : une influence secrète semble les entraîner ailleurs.

Cette influence, reprit le garde-forestier, ne peut venir que de la magie : c'est un moyen comme un autre de s'emparer du bien d'autrui. Bref, on voulut trouver un cas litigieux dans l'ensemble des faits rapprochés de la fuite des essaims, et un procès-verbal fut dressé.

L'apiculteur ayant appris le résultat inattendu de ses expériences scientifiques, voulut arranger l'affaire à l'amiable : il proposa un arbitrage qui fut accepté.

Certes, la science devait avoir beau jeu. Un peu de chiffons imprégnés de sel de nitre produisit la fumée magique et tous les prodiges énoncés par le garde-forestier. Il fallut bien reconnaître que l'abeille s'endort par la fumée de sel de nitre, aussi bien que l'homme et les animaux par le chloroforme.

Quant au fait extraordinaire de l'affection et de la reconnaissance des abeilles à l'endroit de leur maître, l'explication en fut toute naturelle. A l'inverse du villageois ignare et cupide, l'apiculteur intelligent savait au besoin nourrir ses abeilles, et même il s'amusait souvent à éprouver leurs facultés digestives. Pour cela, il s'adressait à des essaims nécessiteux auxquels il donnait un peu de miel, d'abord près de la ruche ; puis il éloignait progressivement la table du festin ; et toujours, en bon amphitryon, il assistait au repas de ses milliers de convives.

Le mets sucré était quelquefois présenté sur une feuille de papier qu'il posait impunément sur sa tête, sans s'inquiéter le moins du monde de la nuée d'abeilles qui l'enveloppait. D'autres fois, c'était le pli d'un foulard qui était mis à contribution pour offrir le miel : et les abeilles de se disputer une place au modeste banquet. Le matin, il étalait ses largesses sur un appui de fenêtre ou sur une lame de persienne, et les conviées ne se faisaient pas dire deux fois pour arriver au lieu et à l'heure du rendez-vous.

Il va sans dire que l'explication fut acceptée sous bénéfice d'une nouvelle expérimentation des faits, et ainsi la procédure juridique dégénéra en petite comédie. On s'amusa beaucoup de la peur villageoise, voire même de la crédulité par trop naïve du garde-forestier.

L'abeille est donc une observatrice attentive qui sait discerner les bons et les mauvais traitements, et qui arrive facilement à la familiarité, surtout quand les leçons prennent la forme d'une généreuse agape.

Au reste, il n'est pas toujours besoin de largesses pour gagner ses bonnes grâces : elle se contente le plus souvent de la douceur et d'une prudente réserve dans les procédés et dans l'ensemble de la conduite. Votre rucher est-il contigu à un verger, à un potager, à un parterre : pour la culture et les autres soins réclamés par les arbres, les fleurs et les légumes, choisissez de préférence la fraîcheur du matin. Evitez aussi d'aborder et de remuer les ruches quand le temps est à l'orage, et quand l'atmosphère est chargée d'électricité : les abeilles sont alors plus irritables.

En tenant compte de ces conseils, vous n'aurez pas à vous préoccuper de l'aiguillon, et vous pourrez sans inconvénient placer votre rucher près des habitations. Si vous devez éviter le voisinage de certaines usines, telles que distilleries, sucreries, confiseries, etc., ce sera moins dans l'intérêt de ces industries diverses que dans celui des abeilles elles-mêmes.

La pratique confirme ces observations. Nous l'avons déjà dit, dans le département de l'Yonne et même dans toute la France, les ruches sont presque toujours placées dans le jardin de la chaumière : et bien souvent elles ne sont séparées de la voie publique que par un petit mur ou une haie, qui est un rempart suffisant pour la sécurité publique.

Est-ce à dire que l'abeille soit aujourd'hui antipathique aux parcs et aux châteaux, qui lui furent si hospitaliers pendant plusieurs siècles ? Non, assurément. Allez dans le midi de la France, et vous verrez des ruches placées comme en vedettes sur les portes et les murs d'une antique abbaye, aussi bien que sur les bastions et les remparts crénelés du vieux manoir. Ici, en entendant le bourdonnement de

l'abeille, le touriste, absorbé dans ses souvenirs historiques, croit assister à l'un de ces offices religieux où le
chant grave de la prière impose le recueillement ; et il ne
lui faut pas un grand effort de méditation pour voir le miel
symboliser les faveurs célestes.

Mais vous voilà sous les bastions de l'antique castel.
Vous n'y êtes plus, comme autrefois, arrêté par la consigne
de la sentinelle. Cependant, il y a là une garde plus nombreuse et plus vigilante qu'aux meilleurs jours de la féodalité : des milliers de dards sont suspendus sur votre tête, et
vous entendez comme une rumeur sourde et lointaine.....
Est-ce une menace ? est-ce un cri de guerre ? Soyez sans
crainte, c'est une armée d'abeilles qui revient de la picorée ; avant de déposer dans les alvéoles ses trésors mellifères, elle exécute sa joyeuse fanfare du soir. Vous pouvez
approcher : pacifique pour l'homme et pour les animaux inoffensifs, son dard n'a de venin que pour les pillards.

Mais, à quoi bon aller chercher si loin des preuves à
l'appui de notre thèse, quand nous rencontrons ici la même
autorité des faits. En écrivant ces lignes, j'ai sous les
yeux une douzaine de ruches vitrées, formant une bordure
autour de la terrasse du presbytère. Certes, depuis plus de
quinze ans qu'elles y sont installées, elles n'ont pas man-
qué de visiteurs. Souvent même elles ont eu à se plaindre
d'une curiosité importune ; mais leur douceur à toute
épreuve a toujours retenu l'aiguillon vengeur. Il en est de
même du rucher établi au dessous de la terrasse. Là, des
milliers et des millions d'abeilles ont toujours vécu en
bonne harmonie avec les cultivateurs et les propriétaires
des jardins voisins.

Si je fais une excursion dans les villages environnants,
je trouve partout la même mansuétude chez les abeilles.
Allez à Trucy-sur-Yonne : presque à l'entrée du village
vous rencontrez un rucher florissant. Il y a là trente ruches

qu'une chétive haie sépare de la route départementale ; les abeilles y sont en contre bas du chemin, tellement qu'en prenant leur essor, elles semblent effleurer la tête des passants. Et cependant personne jamais n'a eu à se plaindre de leur irascibilité.

Il en est de même à Mailly-le-Château. Là, un rucher est placé près du chemin vicinal ; un autre, à cinq ou six mètres d'une petite mare où le gros bétail vient s'abreuver en même temps que les abeilles. Croyez-vous qu'il y aura de la part de celles-ci antipathie et petite guerre à coups d'aiguillon ? Pas le moins du monde. L'intelligente abeille se prête de bonne grâce à la réfection commune, et elle est assez courtoise pour céder sa place à l'abreuvoir fangeux, aussi bien qu'au pacage émaillé de fleurs.

Je pourrais élargir le cercle de mes observations et citer mille faits analogues. Mais à quoi bon ? je crois avoir montré suffisamment que notre insecte mellifère peut s'accommoder du voisinage de l'homme et des animaux.

Je surprendrai peut-être en ajoutant qu'il aime notre compagnie, et qu'il vient quelquefois s'asseoir à notre foyer. J'ai vu, en effet, des abeilles, découragées par un maître rapace, disons le mot, par un étouffeur armé de soufre, chercher une meilleure hospitalité. Un secret instinct leur disait que le frontispice d'une église et les vieux murs d'un cimetière devaient être pour elles un asile sacré, et elles venaient y déposer leurs tardives et modiques provisions, en attendant que le retour du printemps leur permît de les développer avec la progéniture.

Quelquefois aussi elles s'emparaient des replis caverneux d'une ventouse de cheminée, et ainsi elles pouvaient s'habituer à nos conversations en même temps que nous à leurs bourdonnements.

Voilà ces insectes qu'on nous a dépeints sous des couleurs si noires !

Après les avoir montrés protestant par leur douceur contre les arrêtés municipaux, il nous reste à prouver que leur isolement, dont on veut faire une condition de sécurité publique, doit produire un effet tout opposé.

VI.

COMMENT LES ABEILLES DEVIENNENT FAROUCHES.

Quand on étudie la nature, la matière inorganique se présente d'abord comme l'élément primordial destiné à nourrir les végétaux, qui ne sont eux-mêmes qu'un accessoire, puisque leur vie incomplète se développe et se consume au profit des individualités plus nobles du règne animal ; de telle sorte que le plus chétif insecte trouve sa place au banquet de la vie, aussi bien que le plus grand des animaux.

Certes, il y a là un beau sujet de méditation. Nous ne pouvons ici que l'effleurer. Hâtons-nous donc de remonter l'échelle des êtres créés. Après avoir traversé les merveilles du monde végétal et les beautés non moins ravissantes du règne animal, nous arrivons à l'homme, qui nous apparaît comme l'organisation et l'organisateur par excellence. Son intelligence, sa raison, sa volonté libre, si bien servies par des organes admirables, semblent tout vouloir embrasser pour tout étudier, tout féconder. L'homme, c'est l'Intelligence qui, par l'intermédiaire du corps, donne la main à l'instinct animal pour diriger et multiplier ses forces productives, tandis qu'elle-même sera perfectionnée, moralisée, sanctifiée par ses rapports avec l'Être Suprême, créateur, ordonnateur et conservateur de toutes choses.

Mais, où vais-je? Je me sens glisser sur le terrain de la philosophie, et les amis trop exclusifs des abeilles craignent déjà que je ne m'égare trop dans ces régions nuageuses. J'ai hâte d'en sortir, en ne retenant pour tout bagage qu'un seul principe, très-secondaire en apparence, celui du perfectionnement de l'insecte mellifère par son commerce avec l'homme.

On me demandera peut-être pourquoi je reviens encore sur ce sujet après les dissertations précédentes, qui nous ont montré l'abeille dirigée, utilisée, apprivoisée par l'homme, et amenée par lui à un commencement de domesticité? Je dois déclarer que mon intention est d'arriver aux mêmes conséquences.

Après avoir prouvé que l'homme peut s'emparer des instincts de l'abeille et les mettre à son service, nous avons conclu que la prétention des arrêtés municipaux est arbitraire et excessive en ce qui concerne la réglementation des ruchers. Nous voulons prouver maintenant que cette prétention serait erronée et dangereuse, si, méconnaissant le plan de la création et le naturel de l'abeille, elle croyait servir la sécurité publique en repoussant et en isolant l'insecte mellifère. Oui, la prétention serait dangereuse ; car notre insecte, dont le caractère s'adoucit au contact de l'homme, son éducateur et son grand charmeur, arriverait par l'isolement, non pas précisément à la férocité, mais à une susceptibilité et à une irascibilité qui ne seraient pas sans danger pour l'homme et les animaux domestiques ; et ainsi nous verrions se changer en poison le remède imposé par un empirisme intolérant.

Avant de citer des faits à l'appui de cette assertion, je la confirmerai par une déduction tirée du caractère et des facultés de l'abeille.

Nous l'avons vu, notre insecte mellifère a une passion dominante, insatiable, qui le porte à conserver la mère-abeille, à amasser des provisions de miel et à construire des cellulles en vue du futur couvain. Il s'attachera donc au bien-faiteur qui favorisera cet instinct de conservation et de repro-duction ; mais aussi il poursuivra de sa haine implacable les ennemis qui voudraient compromettre son existence en lui ravissant ses trésors. Il prendra même pour une agres-sion certains mouvements brusques et inaccoutumés, quand ils viendront des personnes ou des animaux qui ne seront point admis à sa familiarité. Ce danger ne sera pas à crain-dre quand la ruche sera placée près de la chaumière. Elle sera alors si souvent visitée, si bien protégée et soignée, que le fait de la cueillette du miel par l'apiculteur ne sera plus regardé comme une rapine, mais comme un accident faci-lement oublié par la reconnaissance.

Si, au contraire, vous isolez l'abeille de la maison rus-tique, vous la privez de son visiteur habituel, de son défen-seur naturel et intéressé. L'homme ne viendra plus à elle pour ces mille petits soins que le voisinage facilite et que l'éloignement fait négliger. Il n'apparaîtra le plus souvent que pour faire la récolte de la ruche, ou pour d'autres opé-rations telles que l'essaimage artificiel, le mélange des essaims, la permutation des ruches, toutes choses qui déplaisent souverainement à l'abeille.

Mais, si l'homme lui épargne ses soins et lui marchande sa protection, ses visites amicales seront remplacées par l'attaque d'une armée de pillards tels que guêpes, frelons et autres insectes, sans compter ces myriades de rongeurs : rats, souris, mulots, qui fatigueront sa vigilance et le jour et la nuit, surtout pendant les rigueurs de l'hiver. Joignez à ces ennemis la mésange, la fouine, le renard et cent autres carnassiers, qui convoitent le miel de l'abeille et quelquefois l'abeille elle-même, à l'égal du sang et de la chair des animaux : et vous pourrez vous faire une idée de la fureur de l'insecte mellifère contre tout ce qui viendra se mouvoir à proximité de sa demeure. L'homme lui-même ne sera pas excepté de cette humeur vindicative : il ne se présentera pas assez souvent en ami pour qu'on puisse le distinguer des spoliateurs.

C'est ainsi que les arrêtés municipaux, en décrétant l'isolement des ruchers, auraient pour effet de compromettre la sécurité de l'homme et des animaux domestiques, d'entraver l'agriculture et de paralyser l'apiculture dont ils feraient, comme au temps du droit féodal, l'apanage de la grande propriété.

Montrons maintenant par des faits comment les abeilles deviennent farouches.

Il y a quelques années, douze ruches furent détachées d'un apier de Mailly-la-Ville pour aller prendre position sur la lisière de la forêt d'Avigny. Avant leur départ, ces essaims étaient d'une douceur parfaite. Six mois d'isolement suffirent pour les rendre irascibles et agressifs, même à l'endroit de leur propriétaire qui fut un jour assailli avec furie.

Soupçonnant la cause de cette irritation inaccoutumée, l'apiculteur se mit à faire une perquisition dans le nouveau rucher, et il ne fut pas longtemps sans apercevoir un groupe d'abeilles s'acharnant sur un objet qui semblait se débattre sous leurs aiguillons. Les abeilles écartées, voulez-vous savoir ce qu'il rencontra ? deux superbes cerfs-volants (*Lucanus cervus, Lin.*), qui faisaient fonctionner sans relâche leurs terribles mandibules. Une abeille broyée était aussitôt remplacée par dix autres, qui s'obstinaient en vain à lancer leur dard empoisonné : tous leurs efforts venaient échouer contre la solide cuirasse de nos deux assaillants. Quel était le but de leur visite au rucher ? Etaient-ils d'humeur pillarde ou apivore ? Je ne saurais le dire. Quoi qu'il en soit, ils avaient dû manifester certains appétits gloutons ou féroces, puisque les abeilles étaient au paroxysme de la colère ; ce fut à tel point qu'elles méconnurent le devoir de la reconnaissance, et traitèrent en ennemi leur bienveillant éducateur.

Plus tard, le même rucher donna lieu à un phénomène à peu près semblable : les abeilles se montraient courroucées, malheur à qui eût osé les aborder ! Tout était en révolution : on entendait un bourdonnement qui était comme un cri de guerre, et l'on pouvait observer une nuée d'insectes voltigeant, tourbillonnant et semblant chercher un adversaire. Voici la cause de cet émoi. Un renard, alléché par l'odeur du miel, rêvait depuis longtemps au moyen de surprendre la vigilance des abeilles. Enfin, au commencement du printemps, par une belle nuit étoilée, ayant éventé une ruche mal assise, il l'avait renversée. Puis, quand la fraîcheur en eut engourdi les abeilles, il était revenu pour se livrer à la rapine du miel. Plusieurs rayons avaient été brisés, d'autres dévorés ou emportés. Les abeilles, toutefois, avaient dû faire bonne contenance, car, pour s'en débarrasser, le fin matois avait laissé dans les épines une partie de sa fourrure.

Après le renard vint une fouine, qui n'eut pas plus de respect pour la propriété. Elle fureta si bien qu'elle trouva le côté faible d'une ruche normande, et parvint à en soulever la calotte remplie de miel. Les abeilles, réfugiées au fond de leurs demeures, furent éveillées par le bruit, et opposèrent une résistance que les ténèbres de la nuit rendirent inutile. Seulement, la haie voisine avait retenu, comme pièce de conviction , une partie du poil du voleur.

Quand le jour fut venu, il y eut une alarme générale. On eût dit que les abeilles de la ruche pillée avaient fait avec leurs voisines une alliance défensive : l'apier était inabordable. Un chasseur se chargea de faire le procès aux délinquants et de vider la querelle. Des piéges furent tendus près du rucher : le renard et la fouine y laissèrent leur peau.

J'aurais encore bien d'autres faits à citer, mais j'en ai dit assez pour prouver que l'isolement des ruchers serait un danger pour la sécurité publique.

STATISTIQUE APICOLE

Maximus in minimis Deus.
C'est dans les plus petites choses que Dieu
apparaît le plus grand.

I.

OBSERVATIONS PRÉLIMINAIRES.

Quel magnifique spectacle que celui de la nature ! Ce grand panorama du divin artiste défie toutes les ressources de l'art humain. La peinture, en effet, n'a que de froides couleurs pour imiter les vivants décors du monde visible, et, dans son impuissance à en redire les ravissantes merveilles, la poésie ne peut que se livrer à l'enthousiasme de l'admiration.

Les trois règnes de la nature forment la sublime partition de cette inépuisable harmonie, qui s'exécute depuis des milliers d'années avec des nuances et des accords toujours nouveaux. Nous l'avons déjà insinué dans les paragraphes précédents, où nous avons évoqué la végétation, les plantes et les fleurs avec leurs hybridations, le miel, la cire et les abeilles : notes éparses, qui se détachent du grand drame de la nature pour se mêler, s'harmoniser et chanter à leur manière la louange du Créateur.

On objectera peut-être une foule d'accidents fâcheux, qui

sont comme des dissonances dans la mélodie générale. — A quoi bon tant d'insectes nuisibles ? Pourquoi ces myriades de mammifères rongeurs ?...

Sans nul doute, ces exubérances, prises à part, dénoteraient un désordre dans la nature. Mais j'entends les petits oiseaux égayant de leur joyeux gazouillement les champs, les vergers et les forêts : et je réfléchis que les larves et les chenilles ne sont que la pâture destinée à ces petits musiciens ailés. En supprimant ces convives inoffensifs et aimables, que faites-vous ? Vous multipliez des parasites dangereux et importuns, et puis je vous entends blasphémer contre la Providence ! Laissez-moi donc vous le dire : un accord parfait régnait dans le monde ; l'homme l'a rompu par une faute primitive, dont il aggrave chaque jour les funestes effets en faisant une guerre acharnée à ses meilleurs auxiliaires. Témoins les insectes, témoins encore les petits oiseaux auxquels nous disputons souvent les quelques graines qu'ils nous réclament, en attendant qu'ils puissent se repaître des chenilles et des autres insectes, fléaux de nos champs et de nos vergers. Je vois bien la sagesse du Créateur, mais je cherche en vain la sagesse de l'homme en ce siècle si vanté pour ses lumières et ses progrès.

Hâtons-nous donc de distribuer l'enseignement agricole ; donnons-le à pleines mains, afin que le cultivateur puisse lire dans ce grand livre de la nature, qui garde encore tant de secrets précieux. C'est là qu'il trouvera les éléments de cette sage pondération des êtres que son intelligence doit étudier et développer par toutes sortes de combinaisons. Cette pondération, il la verra opérée par des myriades d'insectes pour ce qui est exubérance de sève et de végétation. Puis, quand les insectes eux-mêmes deviendront une exubérance dangereuse, il aura le modérateur sous la main dans certains insectes carnivores, aussi bien que dans une multitude d'oiseaux, infatigables échenilleurs, qui se feront une joie de nous aider à débarrasser les végétaux de leurs plus grands ennemis ; tandis que d'autres, comme le hibou, l'orfraie et autres chasseurs, toujours vigilants, assiégeront la nuit dans leurs repaires les mulots, les souris et les autres mammifères rongeurs.

Nous avons déjà fait observer que les insectes, de même que les autres animaux, sont d'autant plus faciles à multiplier qu'ils sont plus utiles à l'homme. Le vers qui produit la soie, la cochenille qui donne la riche couleur de pourpre, ne sauraient vivre sous toutes les zones : leur propagation est nécessairement limitée, comme le luxe qu'ils alimentent. Il n'en est pas ainsi de l'insecte mellifère. Une statistique apicole comparée et raisonnée de l'Europe nous fera voir les abeilles prospérant dans tous les climats. Nous les rencontrerons dans la Russie et jusque dans la Sibérie, aussi bien qu'en France et en Italie. La Providence a voulu donner, sinon la qualité, au moins l'abondance du miel à ces régions déshéritées qui ne connaissent ni la vigne ni les fruits sucrés. Pour elles, le miel remplacera le sucre, et l'hydromel nos vins les plus généreux.

On trouvera peut-être que je cherche à concilier deux intérêts incompatibles, et que ce n'est pas aux apiculteurs à réclamer en faveur des oiseaux dont la voracité s'attaque à la fois et aux abeilles et aux insectes nuisibles.

Sans avoir la prétention d'innocenter les goûts apivores de certains oiseaux, je ne craindrai pas de plaider pour eux les circonstances atténuantes, et je ferai observer que ces échenilleurs aériens sont indirectement utiles aux abeilles en leur conservant les plantes et les fleurs.

Le but d'utilité et d'équilibre général que j'ai en vue, sera donc apprécié des naturalistes et des agriculteurs ; il expliquera et légitimera plusieurs réflexions qui tout d'abord paraîtraient des hors-d'œuvre.

Aussi bien est-ce pour le même motif et sans vaine prétention de critique, que je me permettrai d'attaquer certaines erreurs qui se sont glissées dans plusieurs traités d'entomologie. Il m'a semblé que ces erreurs auraient pour conséquence de comprimer l'extension de l'apiculture ; et, avant de produire une statistique apicole de l'Europe, qui doit mettre en évidence notre infériorité relative, j'ai cru devoir supputer tout ce qui chez nous a paralysé les efforts de la science. J'ai déjà signalé quelques-unes de ces causes de stérilité, en poursuivant l'arbitraire et le préjugé ; je veux maintenant les rechercher jusque dans les petits traités d'entomologie appliquée.

Assurément je suis loin de méconnaître le mérite des divers traités de M. le colonel Goureau sur les insectes nuisibles et utiles. Ces résumés de la science entomologique aident à la populariser et à la rendre féconde en déductions pratiques pour l'agriculture, les arts et l'industrie. Aussi la Société des sciences historiques et naturelles de l'Yonne, en insérant ce travail dans son Bulletin mensuel (26e volume, année 1872), a-t-elle voulu montrer le prix qu'elle attache à la diffusion de ces connaissances spéciales. Mais, plus un ouvrage est mis en lumière, plus les erreurs qu'il renferme peuvent devenir préjudiciables. Dans l'intérêt du progrès, nous allons donc tâcher de séparer l'erreur de la vérité.

Je commencerai par féliciter bien sincèrement M. le colonel Goureau d'avoir opposé l'autorité de la science et de l'expérience aux considérants erronés des arrêtés municipaux. Désormais, à côté du registre des délibérations du Conseil municipal d'Auxerre proscrivant les abeilles, nous trouverons le Bulletin de la Société des sciences historiques et naturelles de l'Yonne, qui nous présente la mouche à miel comme un animal à peu près domestique, se plaisant dans le voisinage de l'homme, recevant un logement de ses mains, acceptant ses soins, se familiarisant avec son maître et ne cherchant point à blesser, à moins qu'elle ne soit provoquée. Voilà, certes, un bon témoignage qui réduit à néant la plupart des récriminations hostiles au progrès apicole. Pourquoi faut-il que ces précieuses assertions soient accolées à d'autres plus ou moins erronées, qui, si elles étaient admises, auraient infailliblement pour effet de décourager les apiculteurs novices ?

Après avoir posé en principe une opinion très-contestable, celle qui n'accorde aux abeilles qu'un kilomètre ou deux de parcours, l'auteur des *Insectes nuisibles et utiles* prétend que dans ce champ d'activité, circonscrit par la nature, il ne peut y avoir qu'un seul rucher prospère ; et voici la raison qu'il en donne : « Lorsqu'un rucher a pris, « pour ainsi dire, possession d'un canton, il empêche la for- « mation d'autres ruchers dans le même canton. On dirait « que les abeilles en chassent les étrangères qui veulent s'y « introduire. »

Grosse erreur, dont la conséquence serait de rendre l'apiculture non pas stationnaire mais rétrograde, en en faisant l'apanage de certaines familles privilégiées.

Je ne sais s'il y a un seul village ou canton mellifère qui puisse donner raison à l'assertion de M. le colonel Goureau, mais je dois déclarer que je n'en connais aucun.

Dans tous les bourgs et villages du canton de Vermenton je trouve cette opinion réfutée par les faits : partout je vois plusieurs ruchers prospérant simultanément dans un canton d'un kilomètre carré. Ainsi, dans le bourg même de Mailly-la-Ville il existe près de deux cents ruches réparties entre quatre ruchers donnant des produits également abondants.

J'ai pu constater le même fait dans les villages environnants : plus tard j'en tirerai une déduction favorable à l'extension de l'apiculture. Je me bornerai présentement à deux assertions principales :

1° Les abeilles ont un rayon de parcours beaucoup plus étendu qu'on ne le suppose communément. Quand les ruches ne sont pas nombreuses dans une localité, elles ne vont butiner qu'à un ou deux kilomètres ; si, au contraire, elles sont multipliées, elles iront jusqu'à trois ou quatre kilomètres. J'ai expérimenté le fait.

2° Non-seulement il n'y a pas d'inconvénient à établir plusieurs ruchers dans un même canton, je suis même en droit d'affirmer avec plusieurs apiculteurs, juges très-compétents, que si un apier de cent ruches existait seul dans un canton d'un kilomètre carré, il y aurait avantage à les répartir en cinq ou six ruchers de quinze à vingt ruches chacun. On aurait ainsi moins à craindre le mélange des essaims, et les abeilles se partageraient plus facilement les ressources mellifères de la contrée.

Faut-il maintenant assigner les causes d'un préjugé si bien accrédité par les apiculteurs et les entomologistes ?

Je ne ferai que signaler l'égoïsme qui, pour garder le monopole des profits, a donné cours à certaines fables, telles que le combat des essaims, le parcours restreint des abeilles d'un rucher, leurs ressources mellifères insignifiantes, etc. Sans m'arrêter à discuter la valeur de ces allégations, je dirai seulement que l'antipathie réciproque des ruchers, que le pillage dont on a voulu faire un épouvantail, ne sont souvent que le résultat de la mauvaise direction d'un rucher. Avec les ruches perfectionnées et l'emploi des bonnes méthodes apiculturales, ces inconvénients ne seront pas à craindre. On pourra multiplier le nombre des ruches et des apiers autant que le permettront la fécondité du sol et l'abondance des plantes mellifères.

Avant de chercher à évaluer approximativement le nombre des ruches que peut nourrir une localité, je veux reproduire une statistique apicole comparée et raisonnée de

l'Europe, d'où il me sera permis de déduire quelques
ʙᴏɴɴᴇs conclusions pour l'apiculture.

II.

STATISTIQUE APICOLE COMPARÉE DE L'EUROPE.

Le nombre des souches d'abeilles en Europe — non
compris le Danemarck, la Suède, la Norwége, la Néerlande
et la Turquie — est de 21,784,000, distribués ainsi :

En Russie	12,500,000
Autriche (1857)	3,000,000
France (1858)	2,200,000
Italie	1,250,000
Espagne (1861)	863,000
Prusse	400,000
Suisse	320,000
Grèce (1860)	235,000
Bavière (1863)	233,000
Hanovre (1861)	202,000
Portugal	160,000
Wurtemberg	104,000
Grande-Bretagne	100,000
Belgique (1859)	61,000
Saxe (1861)	51,000
Hesse (1859)	41,000
Bade (1861)	25,000
Hesse-Darmstadt (1858)	19,000
Le reste de l'Allemagne	120,000

Il y a en moyenne, par chaque mille carré, en Europe,
7 ruches :

En Suisse	21
Dans les îles Ioniennes	15

En Galicie 15
   Wurtemberg 14
   Hanovre 14
   Italie 12
   Autriche 12
   Grèce 12
   Hesse 12
   France 10
   Saxe-Weimar 9
   Nassau 9
   Bavière 8
   Russie 6
   Hesse-Darmstadt . . . 6
   Belgique . . ' . . . 5
   Espagne 4
   Bade 4
   Portugal 4
   Prusse 4
   Grande-Bretagne . . . 1

Soit, en moyenne, une ruche pour chaque 11.7 habitants en Europe.

En Grèce,   une pour   55 habitants ;
   Russie   —   53
   Suisse   —   75
   Hanovre   —   9
   Galicie   —   11
   Autriche   —   11
   France   —   16
   Wurtemberg   —   16
   Espagne   —   18
   Italie   —   18
   Bavière   —   20
   Portugal   —   23

Nassau	—	29
Saxe	—	43
Hesse-Darmstadt	—	45
Prusse	—	46
Bade	—	54
Belgique	—	77
Grande-Bretagne	—	291

Statistique apicole de la Prusse.

D'après le recensement du 3 décembre 1864, le nombre des ruches en Prusse était pour 107,882 milles carrés et une population de 18,500,000 habitants, de 760,347, réparties comme suit :

1	Prusse	24,926	milles superficiels.	135,592	ruches.
2	Posen	11,342	—	—	70,265	—
3	Brandebourg	15,468	—	—	100,764	—
4	Poméranie	12,146	—	—	76.470	—
5	Silésie	15,700	—	—	112,532	—
6	Saxe	9,754	—	—	79,627	—
7	Westphalie	7,787	—	—	65,091	—
8	Rhin	10,305	—	—	115,492	—
9	Hohenzollern	440	—	—	5,492	—
10	Bois forestiers	14	—	—	22	—
Totaux . . .		107,882	. . . . .	761,347	—

La valeur de ces ruches, à 2 dollars 66 chacune, dépassait 2 millions de dollars.

Bavière.

D'après la statistique officielle de 1863, le nombre des colonies d'abeilles en Bavière, se décomposait ainsi :

Haute-Bavière 52,665

Basse-Bavière	31,435
Palatinat bavarois.	21,074
Haut-Palatinat	22,861
Haute-Franconie	16,100
Franconie du milieu. . . .	25,763
Basse-Franconie.	28,367
Souabe et Neubourg	34,874
Total	233,139

Le produit annuel du miel et de la cire en Autriche, en France et en Grèce, se divise ainsi :

Autriche	17,600,000 liv. miel.	11,220,000 liv. cire.
France	16,020,000 —	3,840,000 —
Grèce	880,000 —	880,000 —

Ainsi, le miel produit par chaque ruche en France est d'environ 6 liv. 1/2 ; en Autriche, 6 liv. 1/4, et en Grèce, 3 liv. 3/4. Le produit de la cire par chaque ruche est en Grèce et en Autriche de 3 liv. 3/4, et en France de 1 liv. 3/4. Proportionnellement à la population de ces contrées, le produit de la cire est en Grèce de 3/4 de liv. par chaque habitant; en Autriche 3/4 de liv., et en France une once et demie.   HAUSSNER.

C. K. tr.

Les chiffres que je publie ont déjà paru dans le journal l'*Apiculteur*, au grand étonnement de ceux qui ne trouvent rien au-dessus de leur patrie. Oui, on a été comme stupéfait de voir la Russie donner tant d'extension à l'industrie apicole : douze millions et demi de ruches dans un pays qui, pendant six mois de l'année, est couvert de neiges et de glaces, c'est vraiment prodigieux, c'est à ne pas y croire ! Aussi, lorsque, en 1858, j'appelai l'attention sur l'état florissant de l'apiculture en Pologne et en Russie, mon assertion fut-elle taxée d'exagération et d'inexactitude. Ce fut à tel point que je craignis un instant d'avoir été induit en erreur par un touriste superficiel ; mais après vérification des faits et des documents statistiques, j'ai dû maintenir mon sentiment.

Tout en reconnaissant qu'une douce température, que la chaleur jointe à l'humidité, sont des conditions favorables à l'apiculture, nous devons admettre que l'abeille peut prospérer aussi dans les froides régions du nord de l'Europe, pourvu que l'homme lui accorde ses soins et sa protection. En Russie, ces soins et cette protection ne sont pas épargnés à la mouche à miel. Elle y est accueillie comme une amie, à côté de la chaumière, je dirais presque au foyer domestique ; car, en hiver, pour la garantir contre la rigueur du froid, on lui prépare un abri dans les caves et dans les silos. C'est que l'abeille est pour ces contrées un élément très-important de bien-être et d'alimentation. Le sucre et le vin sont des objets de luxe auxquels le pauvre paysan ne saurait prétendre. D'un autre côté, la bière et les autres boissons fermentées sont loin d'avoir les propriétés toniques d'un hydromel concentré, qui remplace assez bien le Madère et les meilleurs vins d'Espagne, de France et d'Italie.

Au reste, l'introduction de l'abeille en Sibérie est pour ainsi dire providentielle : elle a suivi le sentiment religieux, dont elle a été comme la récompense sur la terre d'exil. En voici le précis historique.

Vers le milieu du dix-huitième siècle, des paysans russes, fatigués de l'intolérance religieuse d'un gouvernement despotique, vinrent se réfugier en Pologne afin d'y vivre en pays catholique. Lors de la guerre contre ce dernier royaume, ils furent découverts par les soldats du czar et déportés au nombre de plusieurs milliers de familles dans la Sibérie méridionale. Là, ils fondèrent deux villages qui devinrent comme une petite Pologne, où chacun retrouvait la religion, les mœurs et les goûts de la mère-patrie. Ils conservèrent même le nom de Polonais dont ils étaient fiers.

A la fin du printemps et en été, la nature semblait vouloir leur faire illusion, en leur offrant une végétation tout aussi luxuriante que celle de la vraie Pologne. Les fleurs leur rappelaient bien le miel et les autres douceurs de la patrie absente, mais ils ne trouvaient point d'abeilles ! Profitant de la visite d'un inspecteur, ils réclamèrent quelques ruches afin d'essayer de l'apiculture. M. Bérens et plus tard le colonel Archéniefski accédèrent à leurs vœux. Les premières ruches donnèrent jusqu'à trois essaims par an. Ils se multiplièrent tellement dans la suite, que bientôt chaque famille put avoir son rucher. Aujourd'hui, il y a des cultivateurs qui possèdent de quatre à cinq cents ruches, et presque tous les paysans pauvres ont leur petit apier d'une dizaine de ruches, à côté de leur chaumière.

Du reste, ce ne sont pas seulement les paysans qui s'occupent d'agriculture et d'apiculture. Dans ces contrées, il y a des régiments entiers de Cosaques cultivant toutes les branches de l'économie rurale, y compris celle des abeilles, si longtemps négligée dans nos fermes-écoles.

En 1827, le 9ᵐᵉ régiment de Cosaques possédait dix-neuf ruchers, formant un total de *deux mille quatre cent treize* ruches. C'était plus de deux ruches par soldat.

Ces faits, depuis longtemps connus en France, n'y ont excité qu'une stérile admiration. Cependant, en 1859, M. Hamet émettait un vœu dont j'appréciai le patriotisme : « Ce que l'armée fait en Sibérie, disait-il, elle pourrait le faire ailleurs, au profit de tous ; elle pourrait, par exemple, l'essayer en Algérie. »

Hélas ! notre pauvre France a eu bien d'autres soucis ! Elle a usé ses trésors et ses forces dans le luxe et les plai-

sirs; et l'agriculture, si négligée, si éprouvée, doit aujour-
d'hui porter sa grande part des frais de la guerre et de
l'exorbitante indemnité imposée par des vainqueurs insa-
tiables !

Ce n'est donc pas seulement en Allemagne que nous
devons aller prendre des leçons d'apiculture, la Sibérie
elle-même peut nous servir de modèle. Elle nous appren-
dra que chaque chaumière doit avoir son petit rucher.

Si l'on m'objecte que la France ne saurait prétendre à
cette diffusion de l'apiculture dont l'extension n'est possible que dans les vastes régions de la Russie, où l'on peut
faire de l'apiculture pastorale, je répondrai :

La France peut compenser par la douceur du climat et
par la fertilité du sol ce qui lui manquerait sous le rapport
de l'étendue du territoire. Si la mère-patrie ne suffisait plus
au zèle apicole, qu'il envahisse nos colonies. L'Algérie, la
Cochinchine et la Nouvelle-Calédonie nous enverraient
alors leurs cires et leurs miels, rivaux de ceux du Chili.

On se demande si l'industrie apicole est digne, par ses
rendements, de la protection et des soins que je réclame
pour elle. J'ai déjà tranché la question par le raisonnement. Je veux en confirmer la preuve par des chiffres qui
ne laisseront aucune place à l'objection.

C'est en Suisse que j'irai prendre les données qui doivent
nous édifier sur l'importance des produits apicoles.

Suivant M. Rivollet, curé de Tonnex, l'apiculture est
une source d'avantages sérieux, lorsqu'on s'y livre dans
des conditions convenables. Il le prouve en établissant
que chaque ruche doit, outre les essaims nouveaux, rapporter par année dix francs de miel, s'il s'agit d'abeilles
ordinaires, et quinze francs, si ce sont des liguriennes.

En 1863, ses 125 ruches ont produit 1,500 francs de miel,
et doublé les essaims. Depuis cette époque, les années
n'ont pas été aussi bonnes ; 1866 est la pire de toutes.

Néanmoins, de 50 ruches qu'il avait, il a retiré de la vente des produits en cire, miel, essaims et eau-de-vie, un total brut de 1,115 francs, dont il faut déduire : 90 fr. pour 18 ruches à compartiments, et 40 fr. pour accessoires et journées. Le revenu brut de chaque ruche a donc été de 22 fr. 31 centimes.

Les trois quarts du miel ont été produits par des abeilles liguriennes, celles du pays n'ayant rien fait.

D'où je puis conclure que l'élève des abeilles est de toutes les industries celle qui donne les meilleurs bénéfices, eu égard à la faible mise de fonds et aux travaux peu considérables qu'elle exige.

M. Wilson avait donc raison de déplorer l'inconcevable négligence de notre patrie en ce qui concerne l'exploitation de ses trésors mellifères. Je ne veux pas enchérir sur le blâme : les récriminations ne font souvent qu'aigrir le mal, loin de le guérir. Je crois plus expédient de stimuler les initiatives nouvelles, en montrant et les beaux résultats obtenus, et les obstacles qui s'opposent encore à la réalisation du progrès apicole.

Nous allons donc jeter un coup d'œil rapide sur l'état actuel de l'apiculture dans le département de l'Yonne, d'après le dernier recensement. Puis, la flore locale, aussi bien que les rendements obtenus, nous servira de base pour l'évaluation de nos ressources mellifères.

III.

STATISTIQUE APICOLE COMPARÉE DU DÉPARTEMENT DE L'YONNE.

Mon intention n'est pas de présenter une statistique apicole détaillée du département de l'Yonne. Je veux seulement démontrer, par une comparaison de chiffres, que les conditions les plus favorables de territoire, de culture et d'assolement seraient inutiles, si la science ne venait les féconder, en répandant dans les masses les principes et le goût de l'apiculture.

Ce qui manque, en effet, ce ne sont pas les connaissances théoriques ni les apiculteurs intelligents, c'est la diffusion de la science : nous l'avons dit et répété. Aussi bien ce résumé de statistique apicole n'a-t-il d'autre but que de prouver que le développement de l'apiculture dans le département de l'Yonne est loin d'être en rapport avec la fertilité du sol.

Nous prendrons encore une fois pour terme de comparaison un département limitrophe, celui de l'Aube, et après avoir constaté notre infériorité relative, nous en rechercherons la cause. Nous la trouverons dans le préjugé suranné qui limite sans raison le nombre des ruches que peut nourrir un canton mellifère. Nous produirons ensuite quelques exemples qui seront la meilleure réfutation d'une erreur trop accréditée. Cette preuve sera confirmée par de courtes observations sur la *flore* du département de l'Yonne.

Le nombre approximatif des ruches d'abeilles en pleine activité dans le département de l'Yonne, est de 50,082, réparties ainsi qu'il suit :

Dans l'arrondissement d'Auxerre   13,878 ruches.
   —   d'Avallon   6,735   —
   —   de Tonnerre 9,213   —
   —   de Sens   7,749   —
   —   de Joigny   12,507   —

Telles sont les données du recensement de 1872. Il y a donc 50,000 ruches dans le département de l'Yonne. Ce chiffre est déjà fort respectable ; il prouve certainement un progrès que nous avons signalé : seulement, nous l'eussions voulu plus rapide et moins exclusif. Nous avons déjà touché du doigt certains obstacles qui s'opposent à la réalisation de ce vœu. C'est parce que nous ne voulons pas que la science et la pratique de l'apiculture soient un privilége et un monopole, que nous allons dénoncer la disproportion qui existe entre le chiffre des ruches et la fécondité du territoire de notre département.

A ceux qui objecteraient que c'est assez de 50,000 ruches pour un territoire qui, comme celui de l'Yonne, ne renferme que 736,916 hectares, nous répondrons : La superficie du département de l'Aube n'est que de 610,628 hectares. Cependant, il y a actuellement dans ce département autant de ruches que dans celui de l'Yonne, 50,000 environ. Et si l'on tient compte de la marche accélérée du progrès, on est fondé à croire que ce chiffre sera presque doublé dans quelques années.

On alléguera peut-être que l'industrie apicole de l'Aube aura bientôt atteint son apogée, attendu que cette contrée est loin d'être en tous points favorable aux abeilles. L'Aube se divise, en effet, en deux régions bien distinctes : la première, au nord et à l'ouest de Troyes, fait partie de ce qu'on appelait jadis la *Champagne pouilleuse*, et n'est qu'une terre aride et presque stérile ; la seconde, au sud et à l'est de Troyes, se compose de terrains riches et très-fertiles. Quoi qu'il en soit des conditions plus ou moins favorables de ce territoire, nous admettons sans peine l'opinion d'un apiculteur de l'Aube, qui trouve une compensation dans les prairies artificielles, et nous ne voudrions pas même restreindre, comme il le fait, à cent mille le nombre des ruches d'abeilles que peut nourrir ce département.

Si, maintenant, nous appliquons les mêmes principes de raisonnement au département de l'Yonne, nous en inférerons que le chiffre de 50,000 ruches est bien loin d'être suffisant pour l'exploitation de ses ressources mellifères. Son territoire, plus étendu que celui de l'Aube, est plus généralement fertile; car la partie qui avoisine le Morvand, a ses bruyères et ses sarrazins, qui suppléent assez bien les prairies artificielles, sinon pour la qualité, au moins pour la quantité du miel.

Notons encore une condition favorable aux ruchers de l'Yonne : le grand nombre de rivières, de ruisseaux, de fontaines qui arrosent ce département y développent une végétation continue, qui permet quelquefois de faire deux récoltes de miel dans une même année. Cette fécondité se remarque surtout quand une douce chaleur, jointe à l'humidité et à d'autres circonstances atmosphériques, vient seconder les qualités naturelles du sol.

Peut-être ne sera-t-il pas inutile de citer quelques exemples de ruchers constamment prospères, afin de prouver la richesse mellifère de notre département.

Au préalable, posons comme principe général, que les vallées arrosées par l'Yonne, le Serein et l'Armançon, sont également fertiles en miel, quand l'alluvion de ces rivières s'élargit et va nourrir plusieurs espèces de saules et de peupliers, des prairies naturelles et artificielles, et d'autres récoltes qui se succèdent pour offrir un pâturage aux abeilles. Les ruchers donnent alors des rendements prodigieux, et il n'est pas rare de rencontrer des essaims de l'année produisant de dix à douze kilogrammes de miel, non compris leurs provisions de l'hiver.

J'ai pu constater, à différentes époques, cet état prospère des ruchers sur les bords de l'Yonne, de la Cure, du Serein et de l'Armançon.

J'étais bien jeune encore, quand M. Voisinot père, me donna la première leçon d'apiculture. — C'était en 1837. Une piqûre d'abeille avait été infligée à ma curiosité, près du rucher qu'il dirigeait si bien à Argenteuil en Tonnerrois. Un petit gâteau de miel me fit oublier la douleur cuisante de l'aiguillon, puis vint la leçon de l'apiculteur moraliste : « Il n'y a pas de rose sans épine, » me dit-il en souriant. Et me montrant son apier de 80 à 100 ruches, groupées dans un coin du jardin : « Voilà, ajouta-t-il, un trésor bien gardé. Qui veut le miel doit braver l'aiguillon.

Les souvenirs d'enfance se gravent profondément. J'ai, dans la suite, reçu plus d'une piqûre dont il n'est resté aucune trace dans ma mémoire ; celle de 1837 y a marqué une forte empreinte qui, plus tard, a appelé mon attention sur les abeilles et l'apiculture. Disons, pour terminer cette anecdote, que M. Voisinot n'eut jamais moins de 80 ruches dans son abeiller, qu'il en tira des produits considérables, sans nuire à la prospérité des ruchers voisins. Il est vrai qu'on trouve à Argenteuil tout ce qu'on peut souhaiter pour les abeilles : la rivière, les fontaines, les saules, les bois, les vergers, les prairies naturelles et artificielles.

J'ai rencontré plus tard les mêmes succès apicoles sur les bords du Serein et de la Cure, bien que la fertilité du sol laissât beaucoup à désirer. C'est que les fleurs du colza, du sainfoin et de la luzerne, joignant leurs sucs au miellat des bois, stimulaient sans cesse l'activité des abeilles. Le miel était moins blanc, mais tout aussi abondant que sur les bords de l'Armançon.

Un canton mellifère qui se rapproche beaucoup de celui d'Argenteuil, pour la quantité et la qualité des rendements apicoles, est celui de Mailly-la-Ville, longtemps exploité par les marchands de miel de Vincelles et de Vincelottes. Ces industriels avaient pour principe de limiter le chiffre des ruches, afin de grossir celui des rendements. Ils prenaient, pour ainsi dire, possession d'une localité mellifère, avec trente, quarante et au plus soixante ruches : c'était, disaient-ils, tout ce que pouvait nourrir la contrée.

Je fis tomber ce préjugé en établissant un apier de 50 ruches à côté de celui de l'étouffeur d'abeilles, lui déclarant que mon intention était de grossir encore mon rucher, pour me rendre compte des ressources mellifères du pays. Le marchand de miel, voyant son secret éventé, porta ailleurs sa triste pratique. Mais son apier fut remplacé par d'autres, et il y eut bientôt plus de deux cents ruches dans un kilomètre carré.

Et cependant, lorsque, en 1867, la Société d'apiculture de Thury signalait un état voisin de la famine dans les ruchers de sa circonscription, les deux cents ruches de Mailly-la-Ville étaient parfaitement pourvues. — Je puis ajouter que, depuis quinze ans, je n'ai jamais remarqué un état d'infériorité relative provenant de cette agglomération de ruches.

D'où je suis autorisé à conclure que certains cantons mellifères ne possèdent pas même le quart des ruches qu'ils peuvent nourrir. Je dirai plus, le dernier recensement apicole, qu'il serait très-instructif d'étudier en détail, nous montre plusieurs localités qui ne possèdent presque pas d'abeilles.

Après cela, je crois être en droit de soutenir que l'extension de notre apiculture peut être quadruplée, sans que l'on ait à constater une diminution bien sensible dans les rendements partiels.

Cet essai de statistique serait incomplet, si je ne rappelais qu'il y a dans le département de l'Yonne des apiculteurs très-intelligents, pratiquant la culture des abeilles sur une grande échelle. Mais il faut bien reconnaître qu'ils opèrent presque toujours dans un but d'intérêt privé, sans trop se soucier du bien général de l'industrie apicole.

Citons, toutefois, comme honorables exceptions: MM. Boyer, curé de la Celle-Saint-Cyr ; Gautheron, curé de Brosses ; Lapierre, curé de Bassou ; Voisinot, curé d'Asnières : tous se font remarquer par une pratique rationnelle, qui admet et favorise les progrès de la science apicole.

Plusieurs instituteurs, parmi lesquels MM. Paupy, de Perrigny-sur-Armançon, et Bernasse, de Sermizelles, savent aussi trouver une utile distraction dans la culture des abeilles, qu'ils enseignent à leurs élèves.

Il y a encore des industriels dont la pratique et les méthodes apicoles sont irréprochables. Entre les plus méritants, je puis nommer M. Boudier, de Sens, dont l'intelligente initiative est bien connue. Cet apiculteur a organisé lui même, dans un local un peu trop restreint peut-être, un mellificateur, un fourneau, trois pressoirs pour la fonte de la cire, un grand alambic pour distiller les eaux de miel et de cire.

En toutes choses, M. Boudier opère avec un grand discernement ; et ce qui prouve la supériorité de ses procédés, c'est le rapide écoulement de ses produits. Nous voudrions pouvoir dire que son industrie est encouragée par l'Administration : c'est tout le contraire qui a lieu.

En 1858, M. Guichard, (1) de Sens, nous a lu au Congrès scientifique de France une étude ayant pour titre: *Ce qui*

(1) M. Guichard, agronome distingué, est aujourd'hui député de l'Yonne à l'Assemblée nationale.

se perd en agriculture. M. Boudier, dans la patrie même
de M. Guichard, a voulu montrer ce qui se perd en apiculture dans les eaux de cire. Il en a extrait, en 1872,
45 litres d'alcool. Mais voici venir aussitôt le fisc qui lui
impose une patente de *bouilleur de non-crû*, et lui réclame
84 francs 20 centimes! C'est ainsi que la manie de réglementation coupe souvent les ailes de l'industrie. M. Boudier
est apiculteur et non bouilleur; il laissera donc perdre les
eaux de cire, parce qu'il ne saurait faire la guerre à ses
dépens. Il attendra que la loi, modifiée ou mieux inter-
prétée, donne à l'apiculture toute sa liberté d'extension.

IV.

LA FLORE APICOLE DANS LE DÉPARTEMENT
DE L'YONNE.

I. Considérations générales sur la Botanique apicole.

On ne saurait s'occuper utilement des abeilles sans
donner quelque attention aux plantes et aux fleurs mellifères. L'expérience nous dit, en effet, que la richesse de la
végétation et la flore locale doivent servir de base pour évaluer l'extension que comporte l'industrie apicole.

Vouloir de prime abord fixer exactement le nombre des
ruches et des apiers qui peuvent prospérer dans un kilomètre carré, c'est se jeter en aveugle dans le champ des
conjectures : cette méthode est dangereuse.

Je ne me permettrais donc pas de prononcer, comme l'ont fait certains apiculteurs, qu'il devrait y avoir au moins une ruche par hectare, que le département de l'Yonne pourrait nourrir plus de sept cent mille ruches. Cette assertion me semble bien hasardée. Je me rendrais toutefois à l'évidence des faits qui, seuls, ici, peuvent être appelés en témoignage. — Et encore, pour que leur autorité fût admissible, faudrait-il qu'ils se présentassent munis de plusieurs conditions qui servent à légitimer une déduction.

Voici quelquels-unes de ces conditions indispensables. Etant donnée l'étendue de parcours des abeilles d'un même rucher, on devrait augmenter indéfiniment le nombre des ruches, tout en ayant soin de comparer leurs rendements avec ceux d'un apier beaucoup moins considérable, soumis à la même direction et jouissant des mêmes ressources végétales. Tant que la différence des produits sera peu sensible, eu égard aux accidents divers de température et de culture, on pourra continuer l'agrandissement du rucher. L'extension devra s'arrêter, quand on aura constaté une diminution notable dans les rendements.

Toujours est-il que, pour établir une juste balance, il faudra bien tenir compte de la flore locale.

Donnez à une ruche un hectare de sainfoin ou de trèfle incarnat: si la floraison s'opère par un temps doux et humide, et si, d'ailleurs, le sol est riche en humus, en quelques jours les abeilles auront complété leurs provisions, l'essaimage sera précoce et les produits en miel considérables.

Donnez, au contraire, à une ruche dix hectares de trèfle à fleurs roses : avec la plus douce température et la meilleure terre du monde, cette ruche ne fera que végéter; et si elle n'a pas d'autre pacage, elle sera bientôt réduite à la famine.

D'où l'on peut conclure que la connaissance de la flore locale est une condition indispensable pour évaluer et régler l'extension de l'industrie apicole.

Or, ces notions botaniques qui s'imposent à l'apiculteur, ne doivent pas se borner à une sèche nomenclature de mots plus ou moins scientifiques. Assurément, je suis loin de vouloir déprécier les diverses méthodes analytiques à l'aide desquelles les botanistes ont pu déterminer les classes, les familles, les genres et les espèces des plantes. L'expérience m'en a prouvé l'utilité. Les classifications et les subdivisions sont comme des fils conducteurs, qui doivent empêcher le naturaliste de s'égarer dans le labyrinthe du monde végétal. Mais, tout en reconnaissant l'utilité de l'analyse et de la glossologie botanique, je ne craindrai pas d'avancer que les plus belles théories de la science ne vaudraient pas, pour un apiculteur, les plus vulgaires notions de botanique appliquée.

On ne trouvera donc pas mauvais que je ne suive pas M. Ravin dans son excellent travail sur *la flore de l'Yonne*. Je veux faire ici de la botanique apicole, comme on fait ailleurs de la botanique agricole, médicale, industrielle. Je dois même prévenir que je ne tiendrai guère compte des lignes de démarcation qui, pour moi, ne sauraient être bien tranchées. Suivre le vol de l'abeille, dont le goût et le choix sont souvent capricieux, tel est mon plan. Souvent j'aurai à signaler la qualité mellifère des plantes qui ont encore leur utilité pour les arts, l'industrie, l'agriculture et la médecine. Et quand je verrai l'abeille tirer profit d'une plante ou d'une fleur qui semblait malfaisante, j'en conclurai, à la louange du Créateur, que l'harmonie du règne végétal, aussi bien que celle du règne animal, doit résulter de la diversité des propriétés des êtres.

Pour vous en convaincre, faites une excursion dans le domaine de la botanique : presqu'à chaque pas, vous vous apercevrez que la nature semble donner tort aux meilleures classifications ou subdivisions. Ici, vous verrez la botanique industrielle se confondre avec la botanique médicale. Là, ce sera la botanique médicale qui aura une foule de rapports avec la botanique agricole. Ne vous en plaignez pas, car, dans le plan de la création tout doit aboutir à l'unité du but, qui est l'équilibre entre les principes vitaux.

Il y a, du reste, un enchaînement logique que l'on saisit à première vue. Ainsi, vous étudiez la botanique agricole : elle vous offre des plantes utiles à la nourriture de l'homme et des animaux domestiques, au développement et à la réparation de leurs forces. Mais voilà que l'excès ou le défaut des substances alimentaires a développé un vice de constitution, et jeté la perturbation dans l'économie animale. Alors voici venir la botanique médicale, qui recommande les plantes décorées d'une vertu plus ou moins authentique, et qui promet de rétablir l'harmonie compromise. Il y aura quelques abus. L'ignorance et le préjugé feront à l'envi de fausses applications de la science : les siècles passés nous en offrent mille exemples.

Mais, quoi qu'il en soit des prétentions empiriques de l'ancienne botanique, il est certain que la botanique médicale contemporaine compte aujourd'hui dans son herbier plusieurs plantes d'une importance extrême. Marchant à la suite des Gœbel d'Eisenach, des Pidoux, des Trousseau, elle a employé l'analyse chimique pour écarter du végétal toutes les parties dont l'importance est nulle ou douteuse, au point de vue alimentaire ou curatif. C'est ainsi qu'elle a su justifier son titre, en rendant plus féconde l'étude de la botanique.

Or, si une utilité pratique incontestable suffit pour légitimer une classification ou subdivision nouvelle des végétaux, nous venons revendiquer cette prérogative au nom

de l'apiculture. Oui, nous devons avoir une botanique apicole, parce qu'il y a une foule de plantes et de fleurs dont
la connaissance fera progresser la culture des abeilles.

L'intérêt qui s'attache à ce progrès est des plus sérieux :
nous l'avons dit ailleurs, en présentant le travail des abeilles
comme un agent très-actif pour la dissémination des molécules du pollen, et comme un bienfaisant dépuratif pour
les feuilles et les tiges surchargées de sève et de principes
sucrés.

Nous pourrions ajouter ici que, par le produit du miel
et de la cire, les abeilles sont à la fois utiles aux arts, à
l'industrie, à la médecine et à l'économie rurale. Mais à
quoi bon ? Ce serait venir bien tardivement défendre un
intérêt qui n'est déjà plus en litige. Bientôt, en effet, nous
aurons la flore apicole du monde entier, puisque chaque
mois nous trouvons dans le journal l'*Apiculteur*, de Paris,
et dans plusieurs autres Revues d'Allemagne, d'Italie et
d'Amérique, une série de plantes dont les propriétés mellifères sont incontestables.

Disons-le, cependant : on aurait dû se montrer plus
sévère dans le choix des espèces, afin d'arriver plus sûrement et plus promptement à un avantage pratique. Il eût
fallu s'occuper tout d'abord des plantes indigènes et exo-
tiques, dont la culture peut se généraliser ; tandis qu'on en
signale un grand nombre qui seront toujours rares, et qui,
par conséquent, ne peuvent guère importer au bien général de l'apiculture.

Pour ce qui nous concerne, nous n'avons pas même la
prétention de produire un travail complet sur la flore apicole du département de l'Yonne ; nous voulons seulement
donner le moyen infaillible de se renseigner sur la flore
locale, de façon à en tirer les meilleures déductions pratiques.

Pour y arriver, les abeilles seront nos guides : nous les

suivrons à la campagne, sur les plantes et sur les fleurs, aussi bien que dans leur travail à l'intérieur de la ruche. Douze ruches vitrées nous permettront de surprendre leurs secrets ; les pelottes de pollen, de même que la saveur et la limpidité du miel, nous en indiqueront la provenance ; et, avec un peu d'attention et une méthode comparative basée sur l'expérience, nous ne serons pas longtemps sans nous convaincre que, si la plupart des plantes sont mellifères, au moins par le miellat de leurs feuilles, il y en a un grand nombre qui sont un trésor pour les abeilles.

II. Les Abeilles sur les fleurs.

Petite excursion apicole dans le département de l'Yonne.

Si nous devions nous occuper de la flore locale au point de vue de la science et de l'agriculture, nous aurions à montrer l'influence du sol sur la force et la variété de la végétation. Nous verrions certaines plantes s'étiolant dans un champ aride et sablonneux, tandis qu'elles trouvent une sève luxuriante dans l'alluvion et dans les terres humides et profondes. D'autres, au contraire, veulent, pour prospérer, le terrain froid et compacte de la région granitique.

Assurément, cette étude géographique de la flore locale serait attrayante pour le naturaliste et le cultivateur, mais elle aurait un médiocre intérêt pour nous, qui n'avons en vue que le bien de l'apiculture et qui, par conséquent, ne devons nous attacher qu'aux plantes les plus utiles aux abeilles.

Est-il besoin de rappeler que ces plantes se rencontrent dans tout le département de l'Yonne ? Oui, les abeilles ont à peu près les mêmes pacages dans la région sablonneuse

qui s'étend à l'ouest d'Auxerre, dans la région jurassique
qui va d'Auxerre à Avallon et à Châtel-Censoir, et dans la
région crétacée qui occupe la partie septentrionale du département. La flore apicole ne différera essentiellement
que dans la région granitique, comprenant la partie méridionale de l'Avallonnais, depuis Pontaubert jusqu'à la
Nièvre.

Nous allons le constater, en prenant les abeilles pour
guides dans une petite excursion à travers les différentes
contrées du département de l'Yonne. Les apiculteurs trouveront peut-être que nous accordons trop d'attention à
certaines plantes mellifères, tandis que nous en négligeons
d'autres plus ou moins précieuses. Cette omission doit
être mise à la charge des abeilles. Pour elles, en effet,
l'utilité des plantes est relative. Je connais plusieurs fleurs
que les abeilles semblent dédaigner ici, et qui sont ailleurs
l'objet continuel de leurs visites.

Est-ce à dire que les sucs mellifères varient avec les
climats? Non, assurément : les principes essentiels sont
les mêmes, mais l'abeille a ses fleurs de prédilection. Son
flair infaillible lui laisse à peine effleurer les pétales dorées
ou argentées de la ravenelle, *sinapis arvensis* et *sinapis
alba*, quand il est attiré par les sucs parfumés de l'esparcette, qui ont tout pour eux : limpidité, suavité, abondance.
Auparavant, les abeilles avaient les mêmes égards pour les
chatons pourprés du trèfle incarnat et pour les boutons
d'or de la lupuline. Mais à peine la seconde fleur du sainfoin les convie-t-elle à une nouvelle picorée, que tous les
appas réunis du thym, du serpolet, du réséda, de la scabieuse, de la barbarée et des mille fleurs qui émaillent nos
prairies, ne sauraient leur faire oublier les attraits de la
reine de nos plantes mellifères. Disons-le, cependant : si à
côté du carmin de l'esparcette brillent les épis dorés du
mélilot, le choix de l'abeille paraîtra indécis, elle ira de

l'une à l'autre, semblant vouloir opérer une fusion qui, en dernière analyse, nous donnera un miel délicieux.

Je pourrais m'étendre bien davantage sur cette observation, mais les abeilles m'appellent au milieu de la campagne en fleur. J'ai hâte de les suivre, dussé-je m'exposer à un jugement sévère pour ma course trop rapide à travers le dédale des végétaux. On me trouvera peut-être audacieux : je ne crois être que téméraire, et encore ma témérité doit-elle être excusée, en raison de l'utilité pratique qu'elle se propose.

Au surplus, je supplie ceux qui reconnaîtraient mon insuffisance, de vouloir bien lui venir en aide; car, ici plus qu'ailleurs, je sens le besoin de voir ma bonne volonté doublée de l'expérience d'autrui.

Il m'eût fallu les ailes de l'abeille pour faire l'inventaire exact de notre flore apicole. Je le dirai, toutefois : à défaut d'ailes, j'ai trouvé la vapeur qui m'a porté, souvent à la suite des abeilles, dans les divers cantons du département de l'Yonne. Mais, en faisant la part des temps d'arrêt nécessités par les herborisations, les analyses et les observations diverses, on conçoit que notre compte-rendu botanique ne puisse être que très-sommaire, et qu'il demande à être complété par l'expérience de chaque jour.

III. Extrait du Journal d'un apiculteur botaniste.

Janvier 1873.

On sait que les abeilles ne se donnent guère de repos en Asie et dans les contrées du Nouveau Monde jouissant d'une végétation perpétuelle. Butiner la propolis, le pollen et les principes sucrés des plantes et des fleurs, est pour notre insecte mellifère une passion toujours inassouvie.

8

Transportez une ruche des froides régions du Nord dans une des contrées les plus favorisées de l'Italie méridionale, et les abeilles de cette ruche qui, auparavant, se résignaient à six mois d'inertie, seront sans cesse en activité dans cette patrie improvisée. C'est qu'au lieu de neiges et de frimas, elles y trouveront un hiver plutôt nominal que réel, ayant ses rayons de soleil, sa végétation et ses fleurs, qui leur permettront de donner libre carrière à leur instinct laborieux et prévoyant.

D'ailleurs, il n'est pas besoin d'aller si loin pour constater un fait que nous avons sous la main. Le dernier hiver, qui fut en France d'une douceur exceptionnelle, nous a aussi présenté de la verdure et des fleurs à la place de neiges et de glaçons. Une plante qui, d'ordinaire, passe inaperçue, qui est même un objet de dégoût pour les animaux, à cause de ses principes laxatifs, la vulgaire foirolle, *mercurialis annua*, a gardé ses feuilles et ses fleurs pendant les mois de novembre et de décembre 1872, aussi bien que pendant les mois de janvier 1873, et elle a été continuellement visitée par les abeilles.

Par égard pour nos butineuses, je fis respecter cette plante, qui atteignit dans mon verger un développement extraordinaire. La petite fleur blanche du mouron des oiseaux, *stellaria media*, et les fleurs purpurines d'un lamier précoce, *lamium purpureum*, ont pu seules les arracher à un goût que j'appellerais dépravé, s'il avait eu la liberté du choix.

Au reste, toutes les préférences sont motivées chez nos insectes ; j'en ai eu la preuve vers la fin de janvier. La stellaire fut alors délaissée, parce que les fleurs des amandiers et des abricotiers avaient fait leur apparition, et qu'elles présentaient du miel à côté du pollen.

Si je donne ces détails, c'est uniquement pour montrer que l'abeille est susceptible d'un travail continuel ; car, au

point de vue des profits, je crois que nos mouches à miel
n'ont pas gagné à quitter leur ruche pour un si chétif
butin. Je suis même en droit d'assurer que leur activité
s'est dépensée en pure perte, puisqu'elle les a exposées à
mille dangers, et qu'elle a éveillé imprudemment leurs facultés digestives endormies. J'en ai trouvé la preuve évi-
dente dans la diminution de la population et des provisions
des ruches qui s'étaient livrées avec plus d'ardeur à un
exercice intempestif.

Février 1873.

Ne dirait-on pas que le printemps, usurpant les droits de
l'hiver, va désormais succéder à l'automne ? Pluie torren-
tielle, vent soufflant à la tempête, inondations, rafales et
averses ; puis un ciel pur et de chauds rayons de soleil ;
puis une douce température se joignant à l'humidité pour
entretenir le tapis vert de nos prairies : telles sont les alternatives qui, depuis bientôt quatre mois, remplacent,
pour nos campagnes le givre, les glaçons et ce resplen-
dissant manteau de neige étendu autrefois, comme un
bienfait, sur la végétation endormie.

Les petits oiseaux, aussi bien que les nombreux essaims
de moucherons éphémères, semblent nous dire que nous
avons le printemps. Le rouge-gorge, ce petit oiseau du bon
Dieu, cet ami de nos vergers, essaie déjà sa chanson qu'il
ne sait jamais finir, tandis que le roitelet, comme pour le
défier, lance aux quatre vents les notes stéréotypées de son
refrain audacieux.

Oui, c'est le printemps ! Déjà la petite marguerite, *bellis
perennis*, a développé ses pétales d'argent à bordure de
pourpre, non loin de la corolle superbement étalée du vulgaire pissenlit, *taraxacum, dens leonis*. Déjà la perce-neige,

galanthus nivalis, aussi bien que la primevère, *primula veris*, et la pâquerette, *primula officinalis*, ont vu leurs attraits effacés par ceux de la giroflée jaune *cheiranthus cheïri*, et de la violette odorante, *viola odorata*, dont les parfums trahissent la modestie.

Comment les abeilles, à la vue de tant de merveilles épanouies, pourraient-elles ne pas se croire au printemps ? Les voilà qui tourbillonnent dans les airs avec un joyeux bourdonnement. A peine se sont-elles réchauffées aux rayons d'un soleil splendide, qu'elles redescendent vers la terre, attirées qu'elles sont par le parfum des fleurs.

Mais j'en ai vu plusieurs s'arrêter dans leur course aérienne : c'est qu'elles ont rencontré les chatons du peuplier d'Italie, *populus fastigiata*, qui, outre son pollen, leur donne une propolis très-utile pour souder leurs rayons et calfeutrer leur demeure. Les fleurs du courgellier (cornouiller), *cornus mas*, de l'orme, *ulmus campestris*, et les chatons du coudrier, *corylus avellana*, leur offrent aussi un peu de miel et de pollen. Il en est ainsi de plusieurs arbres de haute futaie dont les abeilles sauraient tirer profit, si la crainte des intempéries ne les empêchait de s'aventurer dans une excursion lointaine.

Nous savons qu'une ruche d'abeilles a ses pourvoyeuses de toute sorte. Les unes s'attachent aux sucs parfumés de la violette, de la giroflée jaune, du narcisse des poëtes, du *lamium*, etc.; d'autres, au contraire, condensent et arrondissent leurs pelottes de pollens divers.

Voulez vous connaître comment les abeilles utilisent ces premiers éléments de leur alimentation ? adressez-vous à la ruche d'Huber ou de Dzierzon ; ouvrez-en les cadres pour mettre à nu leurs secrets. Vous trouverez là de bonnes ménagères, qui nettoient et réparent les cellules, après en avoir consolidé le point d'appui au moyen de la propolis. Ne touchez pas à ce groupe d'abeilles, c'est l'escorte

qui protége la reine ou mère-abeille : celle-ci vient de
déposer ses œufs dans les cases purifiées. Après le couvain
à l'état d'œufs et de larves, je trouve un peu plus haut, le
couvain operculé. En enlevant le couvercle bombé de la
cellule, je rencontre un insecte parfaitement constitué. Il
sera sans doute le préféré de nos butineuses, qui vont lui
offrir les prémices de leur cueillette, une bouillie alimentaire composée de miel et de pollen nouveau.

Mais l'abeille a déposé son fardeau, et la voilà qui part
pour une seconde picorée : ne prolongeons pas une investigation que nous devons achever plus tard. Suivons
l'abeille dans son vol rapide. Où va-t-elle ? Elle s'élève et
semble s'orienter ; mais bientôt elle s'abaisse, et va se
poser sur la vase et la boue du ruisseau. Elle que j'avais ad-
mirée, il y a quelques instants, buvant la pure gouttelette
de rosée, dans le blanc calice de la primevère et dans la
corolle dorée de la pâquette, la voilà qui se traine dans la
fange et qui parait en faire ses délices ! O Dieu ! serait-il
vrai que l'insecte mellifère pourrait se délecter, lui aussi,
dans ce qui est impur ! N'en croyez pas les apparences :
tout se purifie dans le creuset du chimiste. Mieux que le
savant dans son laboratoire, sans formules prétentieuses,
sans vain attirail d'instruments plus ou moins perfecti-
bles, l'intelligente abeille décompose les éléments renfer-
més dans la vase et dans les égoûts. Sels alcalins, sels
âcres, acides, astringents, dépuratifs : tout sera utilisé pour
le besoin de la petite pharmacie des abeilles, qui ont leurs
médecins aussi bien que leurs chimistes. Ne vous occupez
donc pas de les médicamenter, comme le font quelques
bons villageois. Elles gardent le secret de leurs maladies et
celui de leurs remèdes, elles ont leurs résolutifs plus ou
moins énergiques, pour dissoudre et liquéfier leurs provisions de miel cristallisé par le froid ou par l'humidité.
Elles ne vous demandent que deux choses : votre protection

contre les intempéries, et un peu de miel au temps de la disette.

Mars 1873.

Mars nous est arrivé sans son escorte habituelle de giboulées et de frimas : c'en est fait de l'hiver ; mars semble vouloir passer tout entier au printemps. Il y a bien encore quelque velléité de résistance, une apparence de duel entre deux saisons : de temps à autre, quelques bourrasques et quelques flocons de neige, qui sont comme une protestation de l'hiver contre la douceur anormale de la température. Un jour c'est une pluie froide, puis le givre, puis de douces ondées, qui tour à tour précipitent et retardent la végétation.

Dans ces péripéties, dans ce va-et-vient continuel de froid et de chaleur, nous avons perdu une grande partie de l'avance prise en janvier et en février. Les plantes, il est vrai, se développent toujours, mais les nouvelles fleurs qui s'épanouissent, sont dépourvues de principes sucrés ; le pollen seul ne fait pas défaut. Les abeilles en profitent pour faire leurs provisions en vue du futur couvain. Elles sont donc en pleine activité au dehors aussi bien qu'à l'intérieur de la ruche.

De tous côtés se présentent de nouveaux pacages. Sur le bord des rivières et des ruisseaux, une douzaine d'espèces de la famille des salicinées offrent aux abeilles leurs nombreux chatons à écailles jaunes ou verdâtres, mais le préféré est le saule marceau, *salix capræa,* qui plaît aux abeilles à cause de ses sucs et de son pollen.

Nos bois sont aussi visités avec fruit par les abeilles. Là, parmi les nombreuses familles mellifères, nous trouvons celle des amentacées ou quercinées, et celle des conifères, *coniferex* (Jussieu).

Dans les champs et dans les prairies, deux familles surtout sont riches en espèces utiles aux abeilles : celle des rosacées, *rosaceæ*, et celle des crucifères, *cruciferæ*. Cette dernière offre des avantages inappréciables dans le colza, *brassica campestris* (Linné), et dans la navette, *brassica napus*. Ces deux espèces se rencontrent en abondance dans tous les cantons du département de l'Yonne, même dans ceux de la région granitique qui, cette année, ont donné des fleurs un peu plus tardives.

Nous trouvons les mêmes qualités dans plusieurs espèces de la famille des rosacées. Entre les plus précoces, signalons l'épine noire, *prunus spinosa* (Linné), qui se trouve partout, dans les haies, dans les bois, sur le bord des chemins et sur les coteaux incultes. Ses fleurs sont recherchées des abeilles à cause de leur pollen, non moins que pour leurs sucs sucrés.

Nous pourrions citer encore plusieurs familles et un nombre assez considérable d'espèces qui se retrouveront dans les mois suivants. Mais, afin de ne pas anticiper, nous nous en tiendrons à cette mention succincte, qui suffit, d'ailleurs, pour donner une idée des ressources mellifères de la saison. Toutefois, avant d'examiner le rucher, trouvez bon que nous fassions ensemble une petite étude de botanique appliquée. Le soleil semble nous y convier : le voilà qui brille de tout son éclat, après avoir dissipé les nuages, et ses premiers rayons sont comme le signal qui appelle les abeilles à la picorée.

Voyez leur empressement! L'entrée de la ruche est trop étroite, au gré de nos butineuses impatientes. Après une rapide évolution dans les airs, les voilà qui se précipitent dans toutes les directions avec une sûreté d'élan qui ferait croire qu'elles ont un chef pour distribuer la tâche et indiquer les meilleurs pacages. Nous allons les voir à l'œuvre : prenons le chemin de la prairie.

Mais, tout d'abord, nous voici arrêtés par un bourdonnement insolite, semblable à celui qu'on entend quelquefois, au mois de juin, près d'un tilleul en fleur. Aujourd'hui, c'est un arbre de la famille des conifères, un if, *taxus*, de forte taille, qui laisse échapper des nuages de poussière fertilisante, et les abeilles se les disputent sur ses fleurs épanouies. Considérez attentivement nos ouvrières : elles ne s'attardent pas à rechercher un principe sucré, qui n'existe pas dans ces fleurs mâles ; tout leur travail consiste à briser les bourses des étamines, pour former rapidement les pelottes de pollen.

Poursuivons notre course, en prenant ce petit sentier à travers les prairies artificielles et les guérets. Cette belle nappe de verdure est un champ de sainfoin, cette autre un champ de luzerne, où les abeilles feront fortune aux mois de mai, juin et juillet. Pour l'heure présente, elles n'y recueilleraient qu'un maigre butin ; la flore y offre seulement quelques stellaires, quelques pissenlits, quelques thlaspis, *bursa pastoris*, qui n'ont plus que de rares visites. Où sont donc ces myriades de butineuses qui nous ont devancés à la campagne? Regardez ces tapis dorés qui, à quelques centaines de mètres, rompent la monotonie de la verdure. C'est là que nous les retrouverons, sur la navette en fleur ou le colza, dont la culture tend à se généraliser pour remplacer le produit des noyers si souvent perdu par les gelées. Nous n'apercevons pas encore les abeilles, et déjà nous entendons le petit chant joyeux qu'elles exécutent en passant d'une fleur à l'autre. En dépit de la statistique qui leur refuse l'intelligence, je dirai qu'elles chantent leur action de grâces après le repas.

Si vous voulez connaître en détail l'industrie des abeilles, approchez de plus près. Les voilà qui recueillent le miel et le pollen. Celles-ci sondent immédiatement les nectaires, celles-là font d'abord leurs provisions de pollen ; d'autres butinent alternativement ces deux substances..... Mais, en suivant les abeilles sur les fleurs, nous oublions que le soleil descend à l'horizon, et que nous avons à faire l'inspection du rucher.

La distance d'un kilomètre pour y parvenir, est bientôt franchie : nous y voici.

Nous avons sous les yeux des ruches de toutes formes : par où commencerons-nous ? Je le dirai franchement, j'ai un faible pour les ruches dont le mécanisme se prête aux observations et aux opérations diverses. Laissez-moi donc vous ramener encore près de la ruche à cadres et à rayons mobiles ; mettons à découvert les mêmes rayons que nous avons étudiés il y a trois semaines.

Ici, nous avons affaire à une population forte, bien approvisionnée, aussi tout y est prospère : la cire vermeille ou rafraîchie est disposée pour recevoir le couvain ; la ponte de la mère a déjà pris un grand développement. Au mois dernier, cinq centimètres carrés lui suffisaient ; aujourd'hui, elle en occupe plus de quinze, et un grand nombre d'ouvrières travaillent activement à préparer de nouveaux berceaux. Augure heureux ! cette ruche nous donnera sûrement du miel et des essaims.

Mais voici une ruche faible, qui appelle notre attention. Quel désolant contraste ! Nous venons de contempler la vie dans son expansion joyeuse et active ; ici, c'est la tristesse, la torpeur et le silence, précurseur de la mort. Nous avons sous les yeux une ruche réduite à la famine. Pesez-la, vous trouverez qu'elle a sensiblement perdu de son poids. Frappez sur ses parois, vous n'entendrez aucun bruissement. Pour elle, la mort arrivera infailliblement dans quelques jours, à moins qu'elle ne soit promptement secourue. Il faut donc lui donner, ce soir même, un peu de miel liquide, ou mieux en extraire un rayon vide qu'on remplacera par un autre rempli de miel. La ruche à cadres facilite cette substitution.

Mais, quel est le moyen de reconnaître un essaim nécessiteux, avec les ruches de l'ancienne forme villageoise? Ce moyen, le voici. Voyez-vous cette ruche dont l'entrée est déserte, dont les abeilles sont silencieuses, alors que leurs voisines se livrent à de joyeux ébats? Ce premier indice vous annonce que la ruche est orpheline ou dépourvue de miel. — Autre indice plus explicite encore. Soulevez cette ruche : vous trouverez sur le tablier quelques abeilles languissantes, qui vous diront, par le battement convulsif de leurs ailes, qu'elles ne sont pas encore inanimées, mais qu'elles vont mourir bientôt; puis des cadavres d'abeilles, qui ont été rejetés par les survivantes ; puis des couvains avortés ou détruits par les ouvrières, pour éloigner la peste et la famine. Evidemment, cet essaim est aux prises avec la mort ; hâtez-vous de le secourir, en arrosant les rayons d'un peu de miel liquide qui vous sera rendu avec usure.

Peut être me direz-vous qu'il y a des fleurs et du miel à la campagne, puisqu'on aperçoit les autres abeilles revenant avec leur abdomen gonflé et un chargement complet de pollen. Oui, assurément. Aussi bien n'est-ce pas le courage mais les forces qui manquent à nos nécessiteuses. Si vous pouviez les suivre dans une suprême excursion qui a pour but de les faire échapper à la famine, vous les verriez expirer en grand nombre sur les feuilles, sur les fleurs, sur le bord des ruisseaux où elles vont s'abreuver et butiner.

Concluons. Voici venir les fleurs : elles profiteront aux ruches bien pourvues, mais elles seront inutiles aux essaims affamés et languissants. Veillez donc sur vos abeilles, et ne leur marchandez pas le miel : elles vous le rendront au centuple.

Avril 1873.

Dans le mois précédent, nous avons assisté au réveil de
la nature. Ce réveil, nous l'avons dit, est souvent accompagné de tempêtes et de giboulées, qui sont comme le
solennel prélude d'un mystérieux enfantement. Avril, en
effet, verra la terre ouvrir son sein pour distribuer à tout ce
qui végète, les inépuisables trésors de sa fécondité. Avril
est par excellence le mois de la germination et de la repro-
duction : c'est le complément de cette parole créatrice qui,
autrefois, plana sur le chaos, et en fit jaillir toutes les merveilles de ce monde visible.

Si j'avais à peindre ce mois, je le représenterais donnant
à la terre sa plus belle robe de verdure, et appelant au banquet de la vie les abeilles, le rossignol et les hirondelles.

J'ai déjà montré la terre, les fleurs et les abeilles formant
une admirable trilogie, qui résume les trois règnes de la
nature. Je veux, aujourd'hui, compléter le tableau en faisant intervenir, pour les réhabiliter, ces charmants petits
oiseaux qu'une injuste prévention nous a dénoncés comme
des apivores dangereux. Pour moi, je les chéris comme des
amis de la chaumière, et comme de fidèles messagers qui
viennent dire à l'apiculteur l'époque très-précise où il doit,
non pas dépouiller, mais inventorier et réparer ses ruches,
en vue du couvain et des ressources mellifères toujours
croissantes.

Commençons par faire un peu de botanique apicole, en
marchant sous la direction des abeilles ; nous reviendrons
au rucher quand l'hirondelle planera sur nos têtes, quand
la fauvette unira sa voix à celle du rossignol, pour nous
annoncer le départ définitif de la gelée et des frimas.

J'attendais une température plus douce et un plus grand
développement de la végétation pour entreprendre, en

apiculteur-touriste, une petite excursion dans lé département de l'Yonne. Il me fut permis enfin d'exécuter mon projet : c'était vers la fin d'avril, à l'époque où les cerisiers étaient en pleine floraison.

Partant de la gare de Mailly-la-Ville, dans la direction d'Auxerre, je vis bientôt les magnificences de la nature s'imposer à mon admiration : un apiculteur se prend facilement d'enthousiasme ! J'avais à ma droite de beaux tapis de verdure, des prairies naturelles qui suivaient les sinuosités de la rivière, et disparaissaient de temps à autre sous les bosquets touffus de saules et de peupliers. De l'autre côté de la voie ferrée, le paysage est d'un vert plus foncé : çà et là des champs de luzerne, se mêlent aux céréales. Plus loin, en remontant le coteau et en longeant les vignobles, l'œil distingue l'esparcette, qui aura bientôt ses premières fleurs ; puis viennent les cerisiers avec leurs blancs panaches. Enfin, pour compléter la richesse de ce vivant tableau, on voit comme des ceintures d'or qui entourent la verdure : ce sont de longs sillons de colza et de navette en fleur. Bon augure pour nos abeilles ! me disais-je : leur prospérité est assurée, à moins que Borée ne vienne encore enchaîner le printemps et remplacer les douces ondées par le givre ou par les pluies froides et continues.

J'étais absorbé dans cette mélancolique pensée, quand une voix brève et sèche cria : Vincelles ! Vincelles et Vincelottes, deux noms célèbres dans les fastes de l'apiculture. Vincelles ! ce mot me tira de ma rêverie pour me rendre aux abeilles et à la botanique. Je me rappelai que cette localité fut autrefois renommée pour son miel blanc et parfumé, qui fit la fortune de plusieurs cultivateurs d'abeilles. Et pourtant, la flore de ce village ne présente aucune particularité saillante. La sève, toutefois, paraît un peu moins luxuriante, la terre entr'ouverte laisse apercevoir la grève et le sable. A peine trouve-t-on une faible couche d'humus pour nourrir ces prairies artificielles, qui doivent venir après les saules et les colzas.

Cependant, la vitesse qui se ralentit, nous dit que nous arrivons à Champs. Champs, le pays des cerisiers, est aussi le pays du bon miel. Quelle richesse de pâturages pour les abeilles ! Ici, la culture est des plus variées et présente les meilleures familles mellifères, parmi lesquelles je remarque celles des rosacées, des crucifères et des légumineuses. Près de la rivière et sur les collines, le colza se mêle aux prairies artificielles. Mais ce qui me semble une sorte de prodigalité de la nature en faveur des abeilles, c'est une immense quantité de cerisiers qui, rangés en lignes ou en carrés comme une armée en bataille, courent du fond de la vallée jusqu'au sommet de la montagne, pour aller prendre leur quartier général à Saint-Bris et dans les environs.

Nous approchons d'Auxerre, en traversant des champs de luzerne et de sainfoin, des prairies, des jardins, des bosquets, en un mot tout ce que peut désirer un apiculteur. Tout, excepté les ruches, qui ont dû s'exiler depuis qu'il a plu à un bourgmestre *meliphobe* de lancer contre elles un arrêt de proscription. Mais, ô surprise ! j'aperçois encore des abeilles sur quelques touffes de giroflées : où sont donc les ruches ? au soupirail de la cave ou bien à l'œil de bœuf de la mansarde ? Nous le dirons plus tard; aujourd'hui, il y aurait imprudence à dévoiler ce petit secret des apiculteurs auxerrois.

D'Auxerre à Laroche, en passant par Monéteau et Chemilly, les ressources mellifères sont à peu près les mêmes. S'il y a moins de cerisiers, en revanche nous admirons les pommiers et les poiriers qui étalent leurs blanches guirlandes dans les jardins, dans les vignes et dans les vergers ; et, pour attendre les fleurs du sainfoin et de la luzerne, nous avons les navettes et les colzas, qui font de cette contrée un excellent pacage pour les abeilles.

Tel est, sur la droite, le fond du paysage, couronné par des bois ou par des massifs d'arbres d'essences diverses, presque toutes fertiles en miel ou en pollen. Si de ces collines fleuries ou boisées, j'abaisse mes regards à gauche, dans la direction d'Appoigny et de Bassou, je trouve, il est vrai, moins d'arbres fruitiers et surtout peu de cerisiers ; mais comme compensation, les abeilles auront force prairies artificielles, dont les sucs ont donné au miel de ce pays une réputation bien méritée. Nous y reviendrons le mois prochain, quand la flore aura tout son épanouissement. J'ai hâte, pour l'heure présente, de visiter la vallée de l'Armançon, qui n'est pas moins favorable aux abeilles.

En quittant la gare de Laroche pour prendre la direction de Tonnerre, on trouve une plaine qui va toujours s'élargissant, avec un sol des plus féconds. Il nous offre des prairies naturelles et artificielles de toute espèce, parmi lesquelles nous remarquons la lupuline, *medicago lupulina*, et le trèfle incarnat, *trifolium incarnatum*. Ce dernier, très-commun entre Sens et Flogny, est recherché des abeilles. On le rencontre souvent par carrés de plusieurs hectares, qui promettent un fourrage abondant. Il n'en est pas ainsi de la luzerne et du sainfoin, qui ont beaucoup souffert du froid et de l'humidité. Le blé lui-même paraît très-compromis : sa feuille rousse et maigre forme un triste contraste avec le reste de la végétation. Disons aussi que la monotonie des prairies et des céréales est souvent interrompue par les arbres fruitiers, les saules, les peupliers, les aulnes et les acacias, qui nous charment par la diversité de leur feuillage, et qui plaisent aux abeilles par la variété et la continuité de leurs sucs mellifères et de leur pollen.

Tel est le résumé de la flore apicole pour les villages

situés entre Sens et Tonnerre, en suivant les vallées de
l'Yonne et de l'Armançon. Ce qui distingue le pacage de
cette partie du département de l'Yonne, c'est surtout le
trèfle incarnat, très-rare dans les environs de Tonnerre,
d'Auxerre et d'Avallon. La lupuline, au contraire, s'y
trouve dans la petite et dans la grande culture. Au printemps, elle est souvent le premier pâturage offert aux
agneaux, qui disputent aux abeilles ses fleurs parfumées.
J'aurais désiré, pour cette vallée si fertile, un peu plus de
navettes et de colzas. Ces deux plantes précédant le trèfle
incarnat, la lupuline et le sainfoin auraient fait des arrondissements de Sens, de Joigny et de Tonnerre, la terre
promise de l'apiculture. A défaut de colza et de navette,
nous avons partout et à profusion une plante qui a bien
avec cette dernière des liens de parenté, je veux parler des
ravenelles jaunes et blanches, qui menacent d'étouffer les
semis de mars, à la grande satisfaction des abeilles : elles
auront là, pendant plusieurs mois, un excellent butin.
Mais j'anticipe sur la flore apicole des mois suivants, et
nous sommes encore loin du but : hâtons-nous donc de
quitter Tonnerre.

Nous suivons toujours l'Armançon. La vallée devient de
plus en plus étroite ; mais, quand elle est trop resserrée au
gré de mes désirs, mon regard se promène sur les hauteurs,
et s'égare dans les forêts qui ont bien aussi leurs charmes
pour les abeilles. C'est ainsi qu'à la sortie du tunnel de
Pacy, de riches terrains d'alluvion se présentent à nos
regards et vont jusqu'à la Côte-d'Or, en passant par Argenteuil, Ancy-le-Franc, Chassignelles et Nuits-sous-Ravières.
Les prairies artificielles y sont remplacées par différentes
espèces de saules et de peupliers ; mais nous retrouvons
sur le penchant des collines la luzerne, le sainfoin et la
navette, et, au sommet, d'immenses forêts qui, partant de
l'Aube, viennent s'appuyer sur Ancy-le-Franc. Toutefois,

nous avons noté comme un grand dommage pour les abeilles, la diminution progressive de la culture du sainfoin. On y a substitué la luzerne dont les sucs sont moins riches ou moins limpides.

Nous voici arrivés à Aisy : ne voulant pas nous égarer dans la Côte-d'Or, nous revenons sur nos pas, pour prendre la direction d'Avallon. Nous traversons les cantons de Noyers et de l'Isle, en suivant la route de Fulvy à Sarry, à travers des terrains arides où le sainfoin et les bois sont la principale ressource des abeilles. Nous avons laissé, sur la droite, les contrées arrosées par le Serein, dont la flore est à peu près celle de l'arrondissement d'Auxerre. Nous trouvons encore les mêmes plantes mellifères jusqu'à Avallon.

A partir d'Avallon jusqu'à Cure et Chastellux, le sainfoin disparaît, mais il est remplacé par les genêts, les pins, les sapins ; puis viennent les bruyères et les sarrasins qui, joignant leurs sucs au miellat des bois, fournissent un pacage moins délicat, il est vrai, mais tout aussi abondant. Nous aurons à le constater plus tard. Aujourd'hui, la pluie et le froid nous commandent de rentrer au logis. Avant le retour définitif du printemps, nous allons, si vous le voulez, entamer une petite dissertation sur l'époque et l'utilité de la taille des rayons de miel et de cire.

On attachait autrefois beaucoup d'importance à cette double opération, qui se faisait le plus souvent au mois d'avril. Mais, de nos jours, avec les nouvelles méthodes et les ruches perfectionnées, cette récolte ayant lieu au milieu ou à la fin de l'été, la taille du printemps n'a plus qu'un intérêt secondaire. Elle consiste à enlever les rayons moisis ou durcis par un long service, ou bien encore à s'emparer du miel superflu qui pourrait se cristalliser.

On m'a demandé souvent à quelle époque il convient de pratiquer cette opération ? Je n'ai répondu d'abord que

d'une manière vague et générale, en indiquant la fin des
frimas ; quand il m'a fallu préciser davantage, j'ai éprouvé
un grand embarras. Ma réponse étant subordonnée à l'in-
constance des saisons, j'ai dû interroger la nature et en
suivre les inspirations. Je me suis d'abord adressé à certains végétaux dont les feuilles ou les fleurs réclament
une douceur continue de température. Dans les premières
années, je taillais mes ruches quand je voyais les pruniers
en fleur. Mais je ne fus pas longtemps sans m'apercevoir
qu'ils étaient bien souvent victimes d'une subite réappari-
tion de l'hiver, et que les abeilles, après l'accroissement du
couvain, se trouvaient contrariées et quelquefois compromises par une opération qui les mettait à découvert, en
amoindrissant leurs rayons.

Remontant l'échelle des êtres, j'ai cru rencontrer un
indice plus sûr dans certains oiseaux que la Providence a
doués d'une grande perspicacité pour prévoir l'arrivée
définitive du printemps. Parmi ces oiseaux, bien connus
de la chaumière, je citerai la fauvette à tête noire, le rossignol et l'hirondelle. Mais j'ai reconnu que je devais me
défier du rossignol et surtout de la fauvette. Leur sagacité,
en effet, ne s'exerce que dans les limites de leurs besoins.
A la rigueur, ils peuvent braver le froid et rencontrer leur
pâture dans les buissons touffus où les insectes viennent,
avec eux, chercher un abri contre les intempéries.

Il n'en est pas ainsi de l'hirondelle, dont la vie est pour
ainsi dire aérienne, et qui ne trouve guère sa pâture que
dans les airs. La forme de son nid nous dit aussi qu'elle a
besoin d'une grande chaleur pour vivre et se reproduire.
Si elle nous arrivait avant la dernière apparition de l'hiver, son existence serait en péril. Le Créateur, qui a bien
fait toutes choses, devait donc lui donner une perspicacité
en rapport avec les nécessités de sa nature. C'est pour
cette raison que j'ai définitivement fixé la taille des ruches

à l'arrivée des hirondelles. Leur pronostic, je dois le dire ici, ne m'a trompé qu'une fois en vingt années.

C'était en 1855. J'habitais alors le presbytère de Bessy-sur-Cure. La végétation se montrait fructueuse et précoce. Au 5 avril, les abricots avaient la grosseur d'une noix, le colza et la navette étaient en pleine floraison, le rossignol et la fauvette nous saluaient à l'envi de leurs mélodieux accents. L'hirondelle ne se fit pas longtemps attendre. Le 7 avril, du sommet de l'ancien prieuré, elle nous annonçait sa présence par un joyeux gazouillement. Pauvres petits oiseaux ! qui se croyaient au printemps, quand l'hiver préparait un de ces retours qui apportent la désolation. Le 9, il y eut un peu de givre : tous les oiseaux interrompirent leurs chants. Le 10, une forte gelée détruisit les abricots, les bourgeons de la vigne, en un mot toutes les espérances du cultivateur. Je crois que le rossignol et la fauvette trouvèrent le vivre et le couvert dans la haie voisine, car, après quelques jours de silence, ils reprirent leur joyeux ramage.

Plus fatal fut le sort de nos chères hirondelles ! Encore fatiguées d'un long voyage, il leur eût fallu quelques jours de chaleur et de bonne nourriture, pour réparer leurs forces ; et partout elles ne rencontraient que les frimas, et pas un seul petit moucheron dans les airs où, d'ailleurs, leurs ailes débiles refusaient de les porter. On les voyait donc scrutant les fenêtres et les portes des maisons pour y découvrir une mouche ou tout autre insecte. Un grand nombre d'entre elles, malheureuses dans leurs perquisitions, peut-être aussi épuisées par l'âge ou les infirmités, succombaient d'inanition à quelques pas de la chaumière qui, en des jours meilleurs, avait donné l'hospitalité à leur couvée. Elles étaient là gisantes, presque inanimées, non loin de ce ruisseau auquel, l'année précédente, elles avaient demandé un peu de boue pour arrondir ou consolider leur petit nid...

C'était grande pitié de les voir battant de l'aile, secouant la tête dans un mouvement convulsif ! Leur détresse était partagée par leurs compagnes, qui s'efforçaient de les arracher à une mort imminente. Pleines de dévouement, celles-ci s'approchaient des pauvres faméliques, et cherchaient à les soulever pour faciliter leur vol et les mettre à l'abri de la malice d'un enfant ou de la voracité d'un animal. Il y en avait même qui leur offraient un insecte, comme elles l'eussent fait à leur tendre progéniture. Inutiles efforts de la tendresse d'une mère ou d'une épouse, d'une sœur peut-être ! Les malheureuses, trop épuisées, ne faisaient que secouer la tête, semblant dire qu'il était trop tard... Et toutefois, même après leur mort, on s'efforçait encore de les soulever, comme on le ferait d'un vaisseau échoué que l'on voudrait remettre en mer.

Ce tableau, si plein de tristesse, s'est plus d'une fois présenté à mon esprit. Pauvre humanité ! me disais-je, voilà ton image ! Ne pouvais-je pas dire aussi : voici ton modèle ! puisque l'hirondelle, souffrante ou affamée, a ses Sœurs de charité, qui se font un devoir de la soulager, et vont jusqu'à se départir en sa faveur de leur plus délicate pâture? Puis, quand il n'y a plus d'espérance, quand la vie est éteinte, on les voit venir, non pas réclamer un cadavre, mais faire entendre un cri de deuil et donner le baiser d'adieu. Oui, j'ai vu tout cela, il y a près de vingt ans, et le souvenir m'en est toujours présent !

Mais, laissons de côté cette navrante image, qui pourrait raviver plus d'une blessure dans le cœur humain. Revenons au rucher où, trois jours auparavant, j'étais allé, sur la foi de nos pauvres hirondelles, enlever quelques rayons de miel et de cire.

Les abeilles, elles aussi, avaient beaucoup souffert de la rigueur du froid ; cependant, ce n'était plus la même désolation. J'avais laissé à chaque ruche des provisions suffisantes pour attendre la fleur de l'esparcette qui, dans nos contrées, est le premier pacage dont la richesse permet aux abeilles de prolonger leurs rayons de cire. Mais, sans être réduites à la famine, mes abeilles étaient mornes et inactives. En soulevant un peu les ruches, j'aperçois quelques jeunes mouches gisant inanimées sur le tablier, tandis que leurs nourrices étaient groupées autour de la cire et du couvain pour y concentrer un peu de chaleur.

Vers l'heure de midi, le soleil dardant ses rayons, quelques butineuses volèrent à leur pacage habituel. Quel désappointement ! Les fleurs étaient flétries ; les sucs desséchés ou décomposés par la gelée, avaient perdu leur saveur, et les abeilles, après les avoir effleurées, les quittaient aussitôt avec une sorte de dégoût et avec un petit bourdonnement de dépit mêlé de tristesse.

Cette année, les hirondelles furent plus prudentes. Quelques-unes avaient fait leur apparition vers le milieu d'avril, mais elles disparurent bientôt, sans doute parce que la recrudescence du froid et d'autres indices leur avaient fait comprendre qu'elles s'étaient trompées. Elles reprennent le chemin de la Provence, où elles auront une température plus bénigne, en attendant qu'elles nous reviennent avec le vrai printemps. On nous dit que leur disparition est un triste présage ; profitons-en pour donner à nos abeilles un large supplément de nourriture. Avril nous a offert et repris ses faveurs ; il faut que le mois de mai trouve nos ruches bien pourvues. Le mois de mai, c'est le mois des fleurs, c'est le mois des abeilles. Espérons !

Mai 1873.

La douceur et la sérénité de mai nous rendront-elles les espérances que les rigueurs d'avril et les inconstances de

mars ont troublées ou compromises ? je ne sais. Avril a bien
fini, mai a bien commencé ; mais je viens d'entendre prô-
ner par un oracle de village cet effrayant pronoctic :

— « Le soleil brille, l'air est tiède, et les hirondelles ne
reviennent pas : malheur ! »

— « Et pourtant, lui ai-je objecté, mai vient de faire sa
gracieuse apparition. Déjà, dans nos parterres, le lilas,
syringa vulgaris, nous envoie les parfums de ses fleurs
échappées aux dernières gelées d'avril ; et la grande per-
venche, *vinca major*, étale sur un riche feuillage sa corolle,
qui a le bleu du ciel le plus pur. Déjà, dans nos vergers,
les fleurs du poirier ont laissé tomber leurs pétales et montrent leurs ovaires rebondis, tandis que le pommier nous
offre ses premières fleurs blanches, à côté de ses boutons
pourprés. Que pourrions-nous craindre ? A-t-on jamais vu
les tristes frimas se mêler aux brillantes fleurs de mai ? »

Et pour toute réponse, encore ce refrain fatidique :

— « Le soleil brille, l'air est tiède, et au 5 mai, les hirondelles ne reviennent pas : malheur aux fleurs trop précoces !

— « Mais le rossignol et la fauvette , ces deux infatigables musiciens, ont retrouvé leur voix pour envoyer à tous
les échos leurs notes les plus harmonieuses ; et les abeilles,
répandues sur toutes les fleurs de nos champs et de nos jardins, reviennent de la picorée l'estomac gonflé de miel,
et avec leurs pelottes de pollen de diverses couleurs ! Les
voyez-vous construisant de nouvelles cellules, pour répondre à la fécondité de la reine ? »

— « Oui, sans doute. Mais, depuis huit jours, le soleil
brille, l'air est tiède, et au mois des fleurs, les hirondelles
ne reviennent pas : malheur aux fleurs ! malheur aux oiseaux ! malheur aux abeilles trop précoces ! »

J'allais insister encore pour défendre nos espérances
contre le sinistre présage. J'allais montrer la petite fille,

radieuse, déposant aux pieds de la Madone sa blanche couronne de fleurs dérobées à la prairie voisine. Mais, craignant de voir l'humanité, elle aussi, tomber sous le coup de l'anathème, j'ai cru bon de me renfermer dans un prudent silence, en attendant que je puisse trouver dans l'étude et la contemplation de la nature un remède à de cruelles appréhensions.

Quand un anglais est atteint du spleen, son docteur lui ordonne les voyages. Je ne crois pas avoir tous les symptômes de ce mal. Toutefois, pour faire trève à mes sombres pensées, j'ai hâte de poursuivre mon projet d'une enquête apicole, qui aura pour but de me renseigner sur la mortalité des abeilles pendant l'hiver et la première moitié du printemps. Aussi bien ne sera-t-il pas inutile d'en rechercher les causes. Ma course sera donc entravée par des phénomènes de disette, de pillage, d'intempéries et de mortalité ; car ce sont là des faits corrélatifs, qu'il est bon d'éclairer à part et de rapprocher ensuite, pour en faire ressortir et en éluder les funestes conséquences.

Vers le milieu d'avril, j'avais déjà essayé d'esquisser le triste nécrologe des ruchers, mais la recrudescence du froid avait interrompu mon travail. Au mois de mai, m'étais-je dit, je serai plus heureux ; mon compte-rendu sera plus complet, puisque l'ère des épreuves sera close pour les abeilles. Hélas ! je m'étais bien trompé. Mon excursion débuta, le 6 mai, par un temps pluvieux. Le 7, un froid pénétrant se joignit à l'humidité : au lieu de papillons, c'étaient des flocons de neige qui venaient se reposer sur les fleurs. Les abeilles étaient emprisonnées dans leur demeure, surchargées de couvain, à bout de provisions : de tous côtés je recueillais de poignantes doléances. Un apiculteur me disait : J'ai perdu la moitié de mes ruches ; un autre : Je n'ai pu conserver un seul de mes vingt essaims. Un troisième avait dû rendre à ses abeilles tout le miel de l'été et du printemps, et, néanmoins, par suite de la moisissure et de l'invasion des mulots, il avait perdu le tiers de ses ruches. Un apiculteur de Sens en était à nourrir son dernier essaim.

Dans les environs de Tonnerre, le mal était moins grand : on avait pu conserver le tiers des essaims et le plus grand nombre des ruches-mères. Il en était de même dans les arrondissements d'Auxerre et d'Avallon. Bref, sur toute la ligne, les abeilles luttaient contre la disette, le pillage et les intempéries.

Mon enquête ne visant pas à satisfaire une vaine curiosité, j'ai dû me borner à signaler les causes générales de la dépopulation des ruchers. Il ne me serait pas difficile de montrer que ces causes ont entre elles un enchaînement logique, et qu'elles viennent souvent d'une méthode apiculturale défectueuse. Mais je ne veux pas m'attarder dans une dissertation qui serait ici un hors-d'œuvre, puisqu'elle doit revenir ailleurs. Je dirai seulement que l'approvisionnement général des ruchers paraissait suffisant à l'entrée de l'automne, et que le poids des ruches représentait alors une bonne moyenne. Mais la douceur printanière de l'automne et de l'hiver amena une consommation rapide. Les abeilles, en effet, devaient se donner beaucoup de mouvement pour renouveler l'air humide de la ruche et pour repousser l'invasion des mammifères rongeurs, qui apparaissaient dans des proportions inouïes. C'était comme une armée qui se recrutait sans cesse. Aussi, dans les ruchers éloignés de la chaumière, malgré les engins de toute sorte, la moitié de la cire et du miel fut-elle dévalisée ou sapée par sa base.

Dans les ruchers bien gardés et munis contre le froid et l'invasion des pillards, un autre ennemi se présentait, tout aussi redoutable : une affreuse moisissure, qui nécessitait le retranchement de la meilleure portion des rayons de cire, et qui, conséquemment, compromettait ou retardait l'essaimage. Dans cette situation perplexe, plusieurs soins s'imposaient à l'apiculteur : il devait faire de fréquentes visites au rucher, arrêter les ennemis du dehors par des piéges et par le poison, ceux de l'intérieur par le nettoyage et la ventilation des rayons. Enfin, pour bannir la famine, il devait se montrer généreux et prompt à alimenter ses ruches nécessiteuses. Au besoin, il lui fallait réunir les populations affaiblies. En opérant ainsi, le nombre des ruches eût diminué sans doute, mais non la force du rucher, puisque l'essaimage serait venu combler les vides.

Telles étaient les réflexions que me suggérait le dépérissement des ruchers. Loin d'être arrivé au bout de l'épreuve, nous allions voir quelque chose de plus lamentable encore : le mois des zéphyrs et des fleurs allait devenir le mois de la glace et des frimas ! La gelée qui s'était montrée dans les matinées du 7, du 8 et du 9 mai, avait détruit les jeunes pousses de la vigne et des noyers, et compromis la plupart des récoltes. Donc, la campagne n'offrant plus d'autre intérêt que celui d'un deuil immense, je dus interrompre encore une fois mes investigations, bien résolu à les continuer plus tard, quand la nature aurait retrouvé la fraîcheur de la verdure et l'éclat des fleurs.

Mon départ était fixé au matin du 10 mai : je devais quitter l'arrondissement de Tonnerre, médiocrement satisfait d'une enquête qui n'avait eu pour résultat qu'une constatation de dommages et de décès. En ce jour, il me fut permis de suivre toutes les phases d'une température sibérienne. Je veux mettre sous les yeux du lecteur ce triste couronnement d'un lugubre tableau.

Il est six heures du matin : je traverse la plaine de Pacy, d'Argenteuil et d'Ancy-le-Franc, allant au-devant du train qui doit me faire parcourir presque tout le département de l'Yonne. Cette riche vallée d'Ancy-le-Franc, ce frais paysage, ce magnifique château me semblent enveloppés

RUCHE VITRÉE

A 4 divisions horizontales et verticales

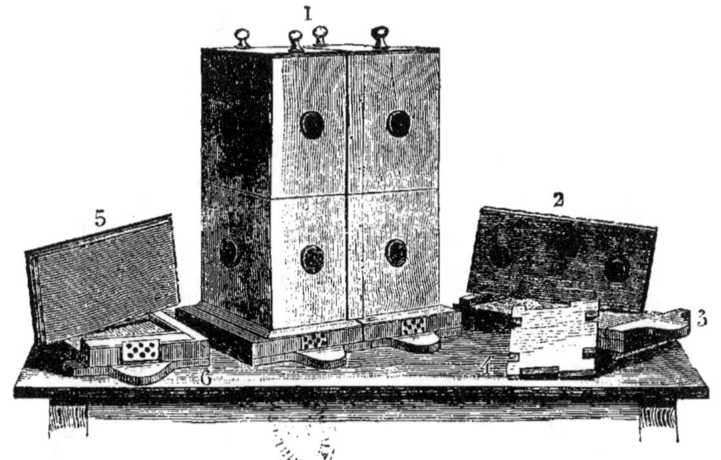

1° Ruche complète avec ses 4 compartiments unis ensemble par 4 planchettes et 12 vis, 12 lunettes d'observation.

2° Dessus d'un couvercle vu de face avec ses deux boutons.

3° Demi-tablier vu par dessous.

4° Plancher d'un compartiment avec 6 couvertures faisant communiquer le compartiment inférieur avec le supérieur.

5° Demi-couvercle vu par dessous avec sa feuillure.

6° Moitié du tablier vu par dessus avec sa grille d'entrée et ses deux tasseaux.

d'un linceul : tout est immobile, froid, inerte... C'est la vie suspendue ; je me trompe, c'est la mort !

Il est sept heures : et la brise du matin ne vient pas agiter la feuille du tremble, le seigle courbe ses épis saisis par la gelée, le rossignol et la fauvette ont perdu leur voix. Je rencontre un cultivateur sortant de son petit verger : je n'ose lui demander ce que me dit assez son air triste et abattu. Le froid des jours précédents lui avait laissé bien peu d'espoir ; aujourd'hui, il ne peut plus avoir d'illusion. L'instrument qui mesure la chaleur et qui, en des temps plus heureux, lui montrait le soleil dorant ses moissons, développant et mûrissant le pampre du coteau : cet instrument mesure aujourd'hui toute l'étendue de ses pertes. Il regarde, regarde encore... Est-il bien vrai ? trois degrés au-dessous de zéro ! Est-ce possible, au mois de l'épanouissement des fleurs ? Hélas ! oui ; la glace du petit réservoir a un centimètre d'épaisseur ; la luzerne, le trèfle incarnat, la lupuline, le sainfoin et cent autres plantes aimées des abeilles, laissent tomber vers la terre leurs tiges ou leurs fleurs chargées de givre.....

Il est huit heures : tout est morne, tout est silencieux. Que dis-je ? En prêtant l'oreille, je pourrais entendre des sanglots s'échapper de plus d'un cœur déchiré. Un regard attentif me ferait voir un père, une mère, jetant sur leurs petits enfants des regards pleins de larmes, de ces larmes qui, mieux que des paroles, expriment les angoisses de l'âme. C'est donc en pure perte qu'ils ont arrosé de leurs sueurs et les vignes et les champs ! Plus rien à attendre ! plus de vin, et peut-être plus de pain !

En proie à cette déchirante pensée, l'âme de l'épouse s'en va au ciel chercher l'espérance qui lui laisse entrevoir de douces rosées venant ranimer la végétation. Prier, espérer est souvent, hélas ! ce qui reste de consolation à l'infortune. Mais le mari, qui a perdu le trésor de ces religicuses et vivifiantes ascensions de l'âme, à qui ira-t-il demander la consolation? Il prend instinctivement le chemin de son petit rucher : il a songé que ses abeilles, elles aussi, ont dû beaucoup souffrir ; peut-être sont-elles expirantes ?... Mais non, ses vingt-cinq ruches vivent encore. La visite importune du cultivateur provoque chez elles un frémissement dans le rucher, qui donne un peu de joie à son âme. Vingt-cinq ruches ! c'est un véritable trésor pour une pauvre chaumière. La sève des plantes n'est pas entièrement tarie ; enchaînée maintenant par le froid, elle fera bientôt irruption. Il y aura du miel sur les fleurs et sur les feuilles. Et quand il s'en ira, pauvre journalier, cultiver un parterre, un jardin, un verger, des champs qui ne sont pas siens, il rencontrera ses chères abeilles venant butiner, près de lui et pour lui, sur les fleurs et les plantes qu'il arrose de ses sueurs. C'est ainsi qu'en souffrant et en travaillant pour autrui, il travaillera encore pour lui-même.

Donc, au nom de la philanthropie, j'aimerais mieux dire, si je pouvais être entendu : au nom de la religion, je vous adjure de respecter l'abeille qui s'en va ainsi quêter au champ de l'opulent, pour soulager le nécessiteux. L'abeille, c'est la servante de la Providence, c'est la *Petite Sœur des pauvres !*

Pendant que je me livrais à ces mélancoliques et consolantes pensées, la vapeur m'avait emporté. Une voix crie : Tonnerre ! Je regarde : il est 9 heures. La neige commence à tomber. Saint-Florentin, Brienon : la neige tombe plus épaisse, l'air en est obscurci. Laroche, Auxerre : encore la neige. Mailly-la-Ville : il est midi 55 minutes, et toujours la neige ! Enfin, je puis me reposer, fatigué de voyages qui n'ont fait qu'aigrir mes chagrins. Je courais après les fleurs, le miel et les abeilles, et je n'ai rencontré que glaçons et flocons de neige.

Trop fidèle emblème de la vie, qui n'est que rêves et déceptions !

Pour achever la peinture de ce désolant tableau, disons que la matinée du 11 mai fut aussi terrible que celle de la veille : ce fut comme le suprême effort de l'hiver égaré au milieu du printemps. Il peut s'éloigner maintenant, sa victoire est complète : pas une plante qui relève la tête, tout est abattu. D'un bout de la France à l'autre, on n'entend que lamentations sur les ravages de la gelée : les vignobles sont dévastés, les céréales et les prairies artificielles sont gravement atteintes, et les forêts elles-mêmes ont beaucoup souffert. Les chênes ont perdu leurs feuilles ; je me trompe : ces feuilles, noircies et desséchées, jettent sur les bois un sombre manteau de deuil. C'est d'une immense tristesse.

Mais, que deviennent les abeilles, au milieu de ce désastre universel ? Enfermées dans leurs demeures, elles y font ce qu'elles font toujours en hiver : elles s'y concentrent pour conserver un peu de chaleur et surtout pour protéger contre le froid leur nombreuse progéniture. Heureuses celles qui ont assez de vivres pour arriver aux nouvelles fleurs ; car il ne faut plus compter sur celles d'hier ou d'aujourd'hui. Elles iront, toutefois, leur faire la visite qu'on accorde à un défunt regretté ; mais de ces cadavres de fleurs elles ne rapporteront qu'amertume.

Quant aux essaims à bout de provisions, ils mourront, à moins que leur propriétaire ne vienne largement à leur secours. Qu'il se hâte de sacrifier en leur faveur sa dernière réserve de miel, et ils seront sauvés ; et dans deux mois au plus tard, ils paieront la dette de reconnaissance en lui offrant de beaux rayons, pleins des sucs les plus purs et les plus parfumés.

Mais, ne l'oublions pas, après les tempêtes viennent les jours sereins ; la végétation n'est pas morte, elle n'est que blessée et languissante. Que lui faut-il donc pour revenir à cette plénitude de vie que nous admirions il y a quelques jours? Si les empiriques de la science étaient consultés, ils feraient peut-être intervenir le soleil et la chaleur pour réchauffer et sécher la terre saturée d'humidité. Mais non, il faut un voile aux grandes douleurs, et elles ont besoin de larmes. Il en est ainsi de la nature désolée par les intempéries. Quelques journées sombres, des rayons de soleil mitigés par de légers nuages, la chaleur alternant avec de douces ondées : voilà les remèdes qui feront merveille pour rappeler à la vie, ou à la force et à la santé les plantes et les fleurs souffrantes et abattues.

Hâtons-nous de le dire, tout cela nous arrive à souhait, à la suite des hirondelles qui, depuis quelques jours, font assaut d'agilité avec les martinets. Aussi, voyez quel prodigieux changement s'est opéré depuis les dernières gelées. Aujourd'hui 26 mai, la campagne a presque retrouvé la fraîcheur et l'éclat des premiers jours du mois. Les arbres, il est vrai, ont perdu leurs fleurs et leurs fruits, et les chênes continuent à porter le deuil ; mais les céréales et surtout les prairies artificielles, qui étaient menacées d'une fauchaison prématurée, ont repris une sève vigoureuse sous la bénigne influence de la chaleur jointe à l'humidité, et les voilà qui s'émaillent de fleurs mellifères. Aussi les abeilles n'ont-elles plus que l'embarras du choix, et c'est pour ne pas rompre tout de suite avec une ancienne habitude, qu'elles vont encore visiter les dernières fleurs de la navette et du colza. Mais à peine les ont-elles effleurées, que vous les voyez s'envoler vers la lupuline et le trèfle incarnat : elles auront là des sucs plus purs, plus doux et plus abondants.

Attendez quelques jours, et ces deux plantes seront elles-mêmes délaissées : voici venir un heureux concurrent, le sainfoin, *onobrychis sativa*, dont la fleur commence à rougir sur le versant des collines exposées au midi.

Pour comble de bonne fortune, les ravenelles et les sénevés blancs et jaunes viennent déjà s'appuyer comme une broderie sur le luxuriant feuillage des orges et des avoines, tandis que dans les blés, les vesces et les divers semis d'automne, je vois les pavots, *papaver rhœas*, et les bleuets, *centaurea cyanus*, se mêler, se nuancer avec les marguerites des champs, pour former, sur un beau fond de verdure, une mosaïque qui chatoie sous le soufle du vent. C'est un tableau doublement vivant, car la plupart de ces fleurs reçoivent tour à tour la visite des abeilles, des papillons et d'une foule d'insectes qui servent de pâture à la bergeronnette et à divers petits oiseaux.

Je m'arrête ; je ne veux pas donner ici la nomenclature et la description de toutes nos plantes mellifères, dont le nombre va toujours croissant. J'ai tenu seulement à signaler celles qui sont cultivées plus en grand, et qui offrent le meilleur pacage aux abeilles. Au reste, la flore de mai a fait retard cette année, contrariée qu'elle était par les pluies froides et les frimas ; elle n'aura son complet épanouissement que dans la première quinzaine de juin. Pour le moment, je dis donc adieu à la botanique apicole, ou plutôt au revoir, puisque toutes les plantes que je laisse continueront leur floraison jusqu'à l'époque fixée pour mon excursion du mois prochain.

Après avoir vu les abeilles sur les fleurs, suivons-les maintenant à l'intérieur de la ruche, afin de constater les progrès de leurs travaux, aussi bien que la provenance et la qualité de leurs produits. N'allez pas vous effrayer : je ne prendrai pas, cette fois, le creuset du chimiste pour analyser le pollen et les sucs mellifères ; une vieille expérience, passée à l'état de routine, n'aura besoin que de l'inspection et de la dégustation pour distinguer les sucs de colza, de navette et de sénevé, de ceux de la lupuline, du trèfle incarnat et de l'esparcette.

Mais il faut se hâter : le déclin du soleil nous annonce que les abeilles vont bientôt quitter les fleurs. Une fois rentrées au logis, elles couvriront entièrement les rayons de miel et les berceaux de couvain, et nous aurions de la peine à les en détourner, même en employant la fumée.

Commençons par examiner le pollen. Ne dirait-on pas que les abeilles veulent se prêter à notre désir ? Surchargées de butin et sans doute aussi fatiguées d'une longue journée de travail, elles semblent tomber lourdement plutôt que se poser sur le tablier de la ruche. Là, elles s'arrêtent un instant, et nous laissent le loisir d'observer leur petit bagage de pollens divers. Voyez-vous ces pelottes dorées ? elles viennent des navettes, des colzas, des sénevés. En voici d'autres d'un jaune pâle : elles ont été recueillies sur la lupuline. Toutefois, comme la nuance n'est pas bien tranchée, je ne saurais prononcer infailliblement sans avoir recours à l'analyse ou à la dégustation. Mais, où les abeilles ont-elles butiné ce pollen d'un roux foncé ? sur les étamines du sainfoin, qui donne ses premières fleurs, à la grande joie des abeilles ; la semaine prochaine, elles ne voudront plus d'autres pacages.

Dévoilons maintenant les plus intimes secrets d'une ruche. En voici une vitrée, à divisions horizontales et verticales. Soulevez les volets des compartiments inférieurs, vous trouvez tous les rayons remplis par un couvain qui est déjà operculé. Dans les cases supérieures, qui étaient entièrement vides il y a quelques jours, vous apercevez des abeilles occupées à pétrir des gâteaux de cire blanche. Un rayon vu de face vous laisse entrevoir au fond des alvéoles un liquide pur et brillant comme le cristal : vous avez là les prémices de la fleur de l'esparcette.

Mais la vue ne suffit pas toujours pour juger de la provenance du butin des abeilles, le goût doit être bien souvent appelé en témoignage. Fermez donc ces volets pour délivrer les abeilles d'une lumière importune, rendez-leur ces ténèbres et ce silence qui favorisent leur activité ; puis, approchez de cette ruche à cadres et à rayons mobiles. Le couvercle enlevé, vous allez d'abord extraire ce cadre central ; mais, au préalable, projetez un peu de fumée pour éloigner les abeilles. Vous avez parfaitement réussi. Analysons ce rayon mis à découvert.

Au sommet, vous voyez un peu de vieux miel ; plus bas, du miel nouvellement operculé, et, un peu sur le côté, un certain nombre de cases remplies de pollen et de miel liquide. Vient ensuite le couvain d'ouvrières, qui occupe environ les deux tiers du rayon. Pour juger de son état, vous n'avez qu'à enlever le couvercle de quelques cellules. Ici, vous trouvez une mouche assez bien conformée. Sa robe n'a pas encore cette couleur foncée qui annonce la plénitude de la force ; elle aurait dû rester deux ou trois jours de plus au berceau : notre indiscrétion lui sera fatale. Dans cette autre cellule, voici un insecte moins parfait. Enfin, au bas du rayon, vous avez du couvain à l'état de larves, et même quelques petits œufs oblongs, à peine perceptibles. Il y a une différence d'âge qui prouve que la ponte de la mère a été interrompue par le froid.

Le rayon suivant ne présente pas de particularités bien saillantes. On peut remarquer seulement qu'il renferme un peu plus de miel et de pollen ; le couvain, d'ailleurs, y est moins avancé : c'est là que la ponte a dû s'arrêter. Pour vous en convaincre, enlevez ce dernier cadre, après l'avoir enfumé. A merveille ! Les cellules sont partout operculées, et vous avez là du miel de toute provenance, enfermé dans une cire vierge. A l'aide de la petite spatule, goûtez ce miel jaunâtre : il doit venir du colza ; vous devez le trouver âcre, il est même un peu amer, et vous diriez que le pissenlit lui a fourni son contingent.

Plus bas, le rayon paraît moins jaune : la dégustation vous le montre plus doux. Mais comme il n'est pas sans âcreté, vous devez en inférer que les sucs des arbres fruitiers sont ici mélangés avec ceux de la navette et du colza. Plus vous descendez, plus vous trouvez le miel pur et suave, grâce à la lupuline et au trèfle incarnat.

Tout à fait à l'extrémité du rayon, voyez-vous briller ce miel qui n'est pas encore operculé ? je le recommande à votre attention. Dégustez, ou plutôt savourez : il est pur, il est doux, il est parfumé, n'est-il pas vrai ? C'est que vous avez ici les meilleurs sucs de l'esparcette.

Nous allons garder ce cadre rempli de miels divers, en ayant soin de le remplacer par un cadre vide, d'où nous extrairons, à la fin du mois prochain, un magnifique rayon du miel le plus exquis.

Et maintenant, fermez la ruche : cette seule enquête doit vous suffire ; car l'activité des abeilles, qui est partout la même, nous est un sûr garant que l'état de la cire, du miel et du couvain n'offrirait pas ailleurs une différence notable.

En définitive, la situation du rucher donne de bonnes espérances. La ponte de la reine a fait de grands progrès, nous allons avoir une forte population pour butiner la fleur du sainfoin. De plus, il y aura quelques essaims au mois de juin, si le temps est moins pluvieux ; mais, à coup sûr, l'essaimage sera retardé de plus de quinze jours. Quant au miel, le proverbe dit : « Temps pluvieux, temps mielleux. » Nous verrons bientôt. En attendant, espérons de juin ce que mai nous a refusé.

Juin **1873**.

L'année apicole que nous traversons, marquera parmi les plus fécondes en surprises, en soubresauts et en déceptions de toutes sortes. Nous l'avons déjà constaté dans nos visites au rucher et nos diverses pérégrinations ayant pour objet l'étude de la flore locale. Dans les premiers mois, la végétation se montrait vigoureuse et précoce ; mars et avril menaçaient de détrôner le mois des fleurs, et voilà que juin revendique les prérogatives de mai complétement exproprié. C'est ainsi que tous nos calculs devaient être déconcertés, en botanique de même qu'en apiculture.

Aurons-nous des essaims ? Je n'ose l'espérer. La ponte de la mère-abeille a été tellement contrariée par les récentes intempéries, qu'on ne saurait compter sur un accroissement régulier de la population. Et cependant, depuis plus de quinze jours, la nature s'empresse de réparer ses pertes. Aussi bien toutes les circonstances favorables semblent entrer dans ses vues de réparation. Le ciel paraît de nouveau sourire à la terre ; les rayons du soleil, alternant avec les douces ondées, viennent souvent imprimer sur les nuages les plus riches couleurs de l'arc-en-ciel ; le vent, qui presque toujours n'est qu'une brise légère, persiste à souffler du sud ou du sud-ouest ; et l'air, saturé d'électricité, se décharge avec des éclairs et des coups de tonnerre qui se résolvent en pluie bienfaisante. En un mot, tout vient à souhait pour faire de la campagne un charmant parterre utilisé par les abeilles.

Donc, concluez-vous, rien ne vous empêche maintenant de continuer vos herborisations. — Non, sans doute. Mais avant de reprendre ma course à travers les différentes régions du département de l'Yonne, je dois vous soumettre, ami lecteur, quelques réflexions, plus ou moins scientifiques, sur la météorologie considérée comme cause externe et médiate de l'essaimage naturel.

Et pour que vous n'alliez pas vous imaginer que j'introduis encore une question oiseuse dans une étude de statistique apicole, je ferai remarquer les relations très-intimes qui existent entre la sortie des essaims et l'épanouissement des fleurs. Les naturalistes admettent sans conteste qu'on ne saurait comprendre ce qui rend les essaims précoces ou tardifs, sans entrer dans le domaine de la botanique, pour y suivre les différentes phases du développement des plantes et des fleurs. Or, comme ce développement est secondé ou entravé par une foule de circonstances atmosphériques, telles que le froid, la chaleur, la pluie, le vent, l'humidité et l'électricité de l'air, on conçoit qu'une enquête sur la flore apicole et sur l'essaimage doive avoir pour complément indispensable l'observation de certains phénomènes météorologiques.

Mais comme cette prétention d'engager ici une discussion très-ardue en apparence, serait de nature à effaroucher plus d'un apiculteur, je dois déclarer nettement que mon intention n'est pas de traiter le sujet au point de vue de la science pure. Je ne ferai pas intervenir tous les instruments usités à l'Observatoire central de Paris. A mon grand regret, je laisserai de côté l'évaporomètre, le pluviomètre et le psychromètre, dont je tâcherai d'utiliser plus tard les données si exactes. Pour l'instant, quand j'aurai à mesurer le froid, la chaleur et la pesanteur de l'air, je m'en rapporterai au thermomètre et au baromètre vulgaires ; et lorsque je voudrai constater l'influence des vents favorables ou contraires, à défaut des anémomètres usités dans nos Observatoires, je consulterai le coq gaulois de notre clocher, qui me trompera bien rarement.

— Vous êtes un ennemi de la science, me dira-t-on ; vous repoussez le progrès ! — Non pas. Je rends volontiers hommage aux efforts tentés à l'Observatoire de Montsouris, dans le but de venir en aide à l'agriculture, et j'avoue que son Bulletin mensuel a pour moi le plus vif intérêt. Je fais même des vœux pour qu'une ruche d'abeilles soit annexée aux végétaux sur lesquels se font les expériences physiques. Mais pour que les observations profitassent à l'apiculture, il faudrait joindre aux céréales quelques plantes mellifères, telles que la lupuline, la luzerne, le trèfle incarnat, le sainfoin, etc. Puis, comparant les phases de leur végétation et le travail des abeilles avec les phénomènes météorologiques, on verrait comment l'humidité, le froid, la pluie, le vent, la chaleur et l'électricité influent sur les plantes pour en accroître ou en diminuer les principes saccharins.

Plus exigeants, mes vœux iraient même jusqu'à demander que les commissions départementales instituées pour venir en aide à l'Observatoire central, ne dédaignassent point l'apiculture dans leurs observations météorologiques. Bientôt on pourrait signaler les causes de l'exsudation des sucs sucrés, et les raisons des différences bien prononcées entre nos cantons mellifères, pour ce qui touche les produits en miel et en essaims.

Quant à moi, je ne viserai point à une précision mathématique : j'ai peu de goût pour des tableaux comparatifs hérissés de chiffres, qui seraient hors de la portée du plus grand nombre des cultivateurs d'abeilles. Je laisserai à d'autres les études et les données purement scientifiques, pour m'en tenir à ce qu'il y a de plus pratique dans l'observation des phénomènes météorologiques. Il me suffit de montrer aux savants le problème à résoudre. Je vais donc faire de la météorologie en apiculteur-touriste, comme j'ai fait précédemment de la botanique ; et j'espère que l'apiculture n'aura pas plus à s'en plaindre que la flore départementale.

Posons d'abord en principe :

1° Que les abeilles ne peuvent sortir impunément de la ruche par une température qui serait inférieure à dix degrés centigrades ;

2° Qu'il faut une moyenne de quinze à vingt-cinq degrés de chaleur pour que les plantes et les fleurs exsudent leurs sucs mellifères ;

3° Que l'influence de plusieurs circonstances atmosphériques doit s'unir à la chaleur, afin de développer les qualités naturelles du sol.

Ces principes admis pratiquement, il nous sera facile de pénétrer le secret de l'émigration des colonies d'abeilles. Un coup d'œil rapide et comparatif sur l'état actuel de la végétation, suffira pour nous dévoiler ce qui rend cette émigration ou plus rare ou plus générale.

Après les désastreuses gelées de mai, je me suis dit : —L'essaimage est paralysé ; nous n'aurons pas d'essaims naturels avant quinze ou vingt jours, et l'essaimage artificiel ne pourra se pratiquer utilement que sur un petit nombre de colonies. Le premier soin des abeilles sera de pourvoir la ruche-mère de pollen, de miel et d'une quantité de cellules en rapport avec la fécondité de la reine et l'alimentation de sa progéniture. Et d'ailleurs, n'est-il pas à craindre que les derniers froids n'aient suspendu et mis en péril l'éclosion du couvain ? Sans doute le mal ne serait pas irrémédiable, mais il y aurait un surcroît de difficultés pour la ruche. Et si ces contre-temps étaient suivis de nouvelles contrariétés atmosphériques venant tarir les sucs mellifères, il est probable que l'essaimage et les produits en miel seraient nuls ou insignifiants. —

Ces prévisions ne se sont pas entièrement réalisées ; mais nous voici au premier jour de juin, sans que nous ayons à constater aucun des signes précurseurs de l'essaimage. Les ruches, il est vrai, sont beaucoup plus pesantes, les cases vides ont été pourvues de rayons pleins de miel et de pollen ; et, en soulevant les volets de la ruche vitrée, je puis facilement distinguer le couvain de faux bourdons, à ses cases plus larges et à ses couvercles proéminents.

Les provisions de miel sont déjà bien avancées, car j'aperçois les ouvrières fermant leurs magasins, et mettant à contribution tous les recoins de la ruche pour construire de nouveaux rayons sur un plan très-irrégulier. A la suavité et à la limpidité du miel, je puis juger que les abeilles accordent leur préférence aux fleurs du sainfoin, bien que la plupart des plantes et des fleurs soient aujourd'hui mellifères. Sur un très-grand nombre, en effet, le suintement des sucs sucrés est visible à l'œil nu. Il ne faut pas en être surpris, puisque rien ne manque à la végétation : l'humidité de l'air et du sol est secondée par les radiations solaires intermittentes, aussi bien que par l'électricité dont la présence est annoncée par les éclairs et le grondement du tonnerre. Oui, il y a tout ce qu'il faut pour une floraison abondante, prolongée et mellifère. Aussi est-ce plaisir de contempler la prodigieuse activité de nos abeilles ; c'est à tel point que l'entrée de la ruche est devenue insuffisante, et qu'il faut venir au secours de nos butineuses s'efforçant de l'agrandir.

Nous sommes arrivés au 5 juin : je vois déjà des milliers d'abeilles s'amoncelant et formant comme une grappe énorme sous le tablier de la ruche. J'en conclus que la population est exubérante, et qu'elle doit vider la place pour faciliter la ventilation des rayons et les manœuvres des ouvrières. Aussi bien l'affluence des faux bourdons va-t-elle devenir un encombrement qui obligera les abeilles cirières à élaborer leur produit à l'extérieur de la ruche. Quant aux faux bourdons, ils ne sont pas toujours prisonniers : de midi à trois heures du soir, je les vois se livrer dans les airs à de bruyantes évolutions ; et lors même que leur fanfare n'éveillerait pas mon attention, leur présence me serait dénoncée par une odeur âcre *sui generis*.

Voilà déjà une preuve d'un essaimage prochain ou possible. Mais je veux d'autres indices plus précis encore, et je les cherche en dehors de la ruche.

J'interroge d'abord un témoin qui ne m'a jamais trompé, c'est un sureau séculaire dont la tige mesure deux mètres de circonférence. Je sais que le miellat de ses feuilles coïncide presque toujours avec l'essaimage. Aujourd'hui, je puis en tirer un bon pronostic, car il me donne le spectacle d'une miellée végétale des plus abondantes : un corps gras et sucré est répandu comme un vernis sur ses feuilles dont les pétioles sont entourées de pucerons noirâtres, attirés et nourris par leurs sucs saccharins.

Quoi qu'en puissent dire certains naturalistes américains et allemands, cette exsudation n'est pas provoquée par les particules de pollen déposé sur ses feuilles, puisque les fleurs ne sont pas encore écloses ; c'est donc le trop plein de la sève qui s'en échappe. Sans le secours du microscope, je distingue facilement les gouttelettes jaillissant des organes respiratoires de ses feuilles, et venant former sur celles des lilas et des chèvrefeuilles adjacents comme un enduit gluant et sucré, très-doux à la dégustation.

Serait-ce que les abeilles ne partagent pas mon goût, ou bien qu'elles craignent les propriétés astringentes de cette sécrétion ? Je ne sais Toujours est il qu'elles dédaignent ce banquet placé à proximité de la ruche, pour s'en aller au loin quêter sur mille fleurs la quantité de miel qu'elles pourraient recueillir sur une seule feuille de sureau.

Nous arrivons au 7 juin avec des alternatives de pluie, de chaleur et d'électricité, qui aiguillonnent sans cesse l'activité des abeilles, et je suis étonné qu'elles n'aient pas encore essaimé. Elles ne tarderont pas, car j'en vois des milliers qui demeurent groupées autour de l'entrée de la ruche. Cependant, j'ai beau regarder au sommet et aux ventouses des cheminées, je n'y vois pas d'abeilles voltigeant et semblant y chercher un gîte, comme elles le font d'ordinaire à la veille ou à l'approche de l'essaimage. J'ai remarqué, toutefois, deux ruches dépourvues d'habitants et munies seulement de bâtisses de cire, qui avaient la visite de quelques abeilles envoyées pour choisir un logement : j'en infère qu'il y aura certainement des essaims aux premiers jours favorables.

Voulant confirmer ces preuves externes par le témoignage des abeilles elles-mêmes, je vais, à la tombée de la nuit, sonder trois ruches qui surabondent de population. Je prête l'oreille près de l'entrée de chacune d'elles. Dans les deux premières, tout me paraît calme ; mais dans la troisième, j'entends un son aigu ayant quelque analogie avec certaine note du clairon : tuh.. tuh.. tuh. C'est le chant de la reine ou mère-abeille, c'est le signal d'une prochaine émigration.

La nuit du 7 juin se passe, douce et sereine, et le 8, le soleil se lève radieux : les abeilles ont devancé ses rayons sur les fleurs du sainfoin. A dix heures, je reviens au rucher ; le soleil est à demi-voilé par des nuages qui nous viennent du midi, nos butineuses sont plus empressées que jamais au travail. Mais j'ai remarqué trois ruches chez lesquelles se passe quelque chose d'insolite, qui ressemble à une révolution. Les abeilles vont et viennent, toutes frémissantes, et semblent se donner un mot d'ordre.

Il est onze heures : déjà les abeilles voltigent plus nombreuses autour de leur demeure ; c'est le vol d'essai précédant le départ. Je me hâte de prévenir le gardien du rucher : il n'était pas trop tôt, car à onze heures et demie, les abeilles sortent à flots non interrompus, semblables aux grains de froment tombant sous la meule du moulin ; puis elles s'élèvent en bourdonnant, pour former comme un nuage dans les airs, où elles voltigent et tourbillonnent pendant quelques minutes. Je les vois ensuite s'abaisser et s'arrondir en grappe autour de la branche d'un poirier. Là s'est posée la mère, aussitôt suivie de toute la colonie. On secoue la branche de façon à faire tomber l'essaim dans le compartiment inférieur d'une ruche à chapiteau, qui est acceptée avec empressement.

C'est bientôt le tour d'une seconde colonie, puis d'une troisième ; elles sont aussi facilement recueillies que la première.

Ayant constaté cet heureux commencement de l'essaimage, je résolus de parcourir de nouveau le département de l'Yonne, afin de reconnaître l'état de la flore et du travail des abeilles.

J'ai dit comment la fin d'avril et les premiers jours de mai avaient déconcerté tous mes calculs ; comment j'étais parti pour ma dernière enquête apicole l'âme en proie à de tristes pressentiments, pour revenir le cœur navré, après avoir mesuré toute l'étendue du mal causé à l'agriculture par une série de contre-temps inouïs. Et voilà que je repars aujourd'hui plein d'espérance pour ces mêmes régions que j'ai vues naguère si désolées ! C'est que tout me présage un heureux contraste entre deux mois qui, d'ordinaire, se partagent les complaisances de la nature.

Les hirondelles, faisant retard d'un mois, ont été vues le 11 mai à l'Observatoire physique central de Montsouris, et le 13 seulement à Mailly-la-Ville. Mais depuis cette époque, la température a gardé sa douceur printanière ; unie à la rosée, à la pluie et aux orages, elle a constamment stimulé la végétation. Aussi le sainfoin, ramené à sa plus belle vigueur, étale de tous côtés le carmin de ses fleurs, la miellée brille partout sur les feuilles ; les ruches débordent de population, et les prémices de l'essaimage,

RUCHE VITRÉE

(DU NATURALISTE)

A 6 divisions horizontales et verticales

Exposée à Auxerre en 1858.

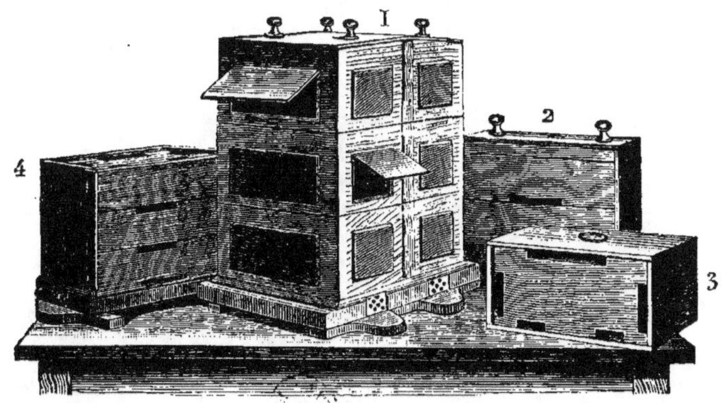

1° Ruche complète à 6 divisions : 18 vitres, 18 volets, — 2 grilles d'entrée en tôle perforée.

2° Quart de ruche vitrée avec 3 lunettes d'observation fermée par des tampons, demi-couvercle surmonté de deux boutons.

3° Compartiment dont le plancher apparaît avec ses 5 ouvertures.

4° Compartiment présentant trois ruelles correspondantes à celles du compartiment juxtaposé, cinq ouvertures au plancher.

pour être un peu tardives, n'en sont pas moins bien accueillies. En un mot, tout me dit que l'apiculture est entrée dans une de ses meilleures phases.

Je m'attends cependant à rencontrer bien des inégalités dans les ressources mellifères de certains cantons, à raison des différences météorologiques et climatologiques. Voilà pourquoi je ne chercherai pas à donner la nomenclature exacte de toutes les plantes utiles aux abeilles ; encore moins aurai-je la prétention d'en faire la description et d'en préciser l'importance. Tout un volume ne suffirait point à la tâche.

Je laisserai donc aux abeilles le secret et peut-être l'embarras du choix, me réservant de mentionner les fleurs qu'elles m'auront indiquées avec plus d'insistance. C'est assez dire que ce compte-rendu des goûts et de la picorée de l'abeille ne saurait être que très-incomplet. Mais tout incomplet qu'il est, il n'en sera pas moins utile pour guider plus d'un apiculteur dans le gouvernement des ruches, aux jours de l'essaimage et de la miellée végétale.

Avant de produire une esquisse de la végétation, je ferai observer une fois encore qu'il y a grand avantage à mener de front l'étude de la botanique apicole, du travail de l'abeille et de l'essaimage. Sans cette vue d'ensemble, on ne saurait avoir en apiculture que des idées confuses et souvent erronées. Conséquemment, la pratique se ressentirait des défauts de la théorie ; l'essaimage artificiel n'aurait plus ses époques et ses règles précises, et la récolte du miel et de la cire serait intempestive ou exagérée. La démonstration de cette vérité ayant été déjà donnée en partie, je la compléterai par les faits. Pour cela, il ne sera pas besoin de passer en revue tous nos cantons mellifères ; dès qu'ils ne présenteront pas une différence notable, je les rangerai dans une catégorie commune, en leur appliquant les mêmes déductions pratiques,

Ma course sera donc irrégulière et rapide, se portant d'une contrée à une autre, selon les exigences du sujet. En cela j'imiterai encore l'abeille, qui souvent délaisse une riche collection de fleurs, pour s'en aller butiner au loin le pollen et les sucs qu'elle sait être plus utiles à l'alimentation et aux travaux intérieurs de la ruche.

Ces observations et ces réserves admises, je débuterai par un parallèle entre la vallée de l'Yonne et celle de la Cure. Mailly-la-Ville et Sery d'un côté, Bessy et Arcy de l'autre, me fourniront les données requises. J'élargirai ensuite la comparaison, en pénétrant dans les pays boisés. L'essaimage, la qualité du miel et le poids de la ruche me serviront de critérium pour juger de l'importance des pacages mellifères. J'irai même jusqu'à interroger les essaims déserteurs du rucher pour en tirer de précieux enseignements; et quand le jugement sera tenu en suspens, je ferai disparaître toute hésitation en mettant dans le plateau de la balance l'influence du sol et les circonstances atmosphériques.

Et d'abord, faut-il dire que tout est pour le mieux de l'apiculture à Mailly-la-Ville ? Ce serait beaucoup s'avancer, et les rendements apicoles pourraient venir donner un démenti à cette assertion téméraire. Donc, sans me prononcer, je laisserai se développer et parler les faits. Aujourd'hui, ils nous sont favorables : les fleurs couvrent la terre, la miellée abonde, et l'essaimage est commencé. En sera-t il de même à Sery ? Oui, assurément ; car, à en juger par le rucher du presbytère de cette localité, tout y est également prospère. Un grand nombre de ruches ont leurs provisions assurées, les populations sont exubérantes, et même plusieurs essaims ont devancé ceux de Mailly-la-Ville. Il est vrai, deux ou trois d'entre eux ont déserté leur nouvelle demeure pour aller se caser dans le creux des arbres et des rochers, où nous les retrouverons plus tard.

Pour l'heure présente, suivons la nouvelle route de Sery à Bessy, en traversant la montagne qui sépare l'Yonne de la Cure.

Nous quittons une riche vallée occupée par les saules, les peupliers, les prairies naturelles et artificielles, et les céréales parsemées de bleuets, de sénevés et de coquelicots. Si ces plantes sont moins nombreuses sur les collines, il y aura compensation dans les fleurs du sainfoin et de la luzerne qui, aussi bien qu'à Mailly-la-Ville, empiètent sur les vignobles, depuis que les intempéries découragent les viticulteurs.

Avant d'arriver au sommet de la montagne, je remarque bien des fleurs aimées des abeilles, mais elles n'auront leur visite qu'après la fleur du sainfoin. Quoi qu'il en soit, nous y reviendrons pour les consigner dans une nomenclature générale.

Hâtons-nous d'arriver à Bessy, après avoir accordé une mention spéciale au mélilot officinal, dont les fleurs jaunes se détachent, avec les marguerites, sur le tapis rouge des champs d'esparcette, ou bien se confondent avec les sénevés et les ravenelles sur le fond verdoyant des orges et des avoines. La vue du mélilot me rappelle ce dicton des vieux apiculteurs :

> Beaucoup de mélilot
> Promet du miel à flot —

et la fleur du sainfoin me faisant encore enchérir sur l'augure favorable, je me dis : « Nous aurons abondance de beau miel. » Nous verrons bien dans un mois.

Ces réflexions me conduisent au milieu du plateau qui s'étend des bois de Bessy à ceux du Féis. Là encore je trouve la luzerne et le sainfoin, mais avec des fleurs plus tardives ; elles ont, d'ailleurs, un autre désavantage pour les abeilles, c'est qu'elles sont trop éloignées de l'apier, inconvénient grave, cette année , eu égard aux inconstances du printemps. Impatient de vérifier l'état des ruchers, j'ai bientôt lieu de reconnaître qu'il est en parfait accord avec le pronostic que j'ai tiré de la végétation. Oui, à Bessy, les abeilles sont en retard : elles n'ont pas encore achevé la construction des alvéoles, et il est à souhaiter que les essaims ne quittent pas la ruche-mère : leur départ serait un malheur. Isolées, les nouvelles colonies seraient perdues, tandis qu'unies à la souche, elles lui aideront à faire d'amples provisions de miel et à préparer des essaims forts et précoces, pour le printemps suivant.

Au reste, cette infériorité relative m'est aussi confirmée par la miellée végétale qui est ici presque nulle. L'expérience m'autorise à en induire qu'il y aura moins de sucs sur les organes des fleurs. J'attribue cette double stérilité à certains accidents météorologiques dont je ne puis bien préciser l'influence. Je ferai seulement remarquer que la pluie, très-utile aux années de sécheresse pour développer les principes sucrés des plantes, produit un effet tout opposé dans les années humides. Or, dans la dernière semaine de mai et dans les premiers jours de juin, il y a eu de fortes averses qui se sont particulièrement abattues sur la vallée de la Cure, depuis Avallon jusqu'à Cravant ; par suite, l'air a perdu une partie de son électricité, et la terre, saturée d'humidité, n'a donné que des feuilles et des fleurs dépourvues de sucs sucrés. Je ne m'avance pas davantage sur ce terrain de la météorologie ; volontiers je laisse à M. Marié-Davy, le savant directeur de notre Observatoire central, le soin de faire passer par le creuset de la science mes observations pratiques sur l'exsudation des principes saccharins.

Cette explication livrée pour ce qu'elle vaut, je remonte la Cure jusqu'à Arcy. La vallée, très-étroite en cet endroit, m'apparaît ombragée par les saules et les peupliers ; elle est dominée en outre par les bois et les vignobles, qui ne laissent guère de place aux prairies artificielles. Ce paysage, un peu restreint, a bien ses avantages dans les années où la sève marche régulièrement, mais en ce moment il est très-ingrat —pour les raisons que je viens d'exposer.

Ma visite au rucher ne fait que confirmer mes conjectures : faiblesse de population et de provisions, tel est ici tout le bilan des apiers. Je puis donc le prédire : les essaims qui feront leur sortie, auront une fin prématurée, tout en affaiblissant la souche qui les aura produits. Les ruchers d'Arcy en ont déjà fait l'expérience en 1872 : pendant l'hiver et au printemps, il a fallu nourrir les mères et leurs essaims, et encore les ruches ont-elles été plus que décimées par la famine amenant après elle la loque contagieuse.

Voulant connaître la part que peuvent avoir les contrées arides et boisées dans cette stérilité causée par les intempéries, je prends la route de Brosses, en passant par Avigny et Avillon. La vigne a envahi tout le versant de la montagne qui regarde Arcy. Au sommet se trouvent des friches, des bois et d'autres terrains plus ou moins fertiles, qui suivent l'ancienne voie romaine. Je ne vois guère d'abeilles que sur le mélilot, le serpolet et la germandrée ; mais un peu plus loin, à une distance de deux kilomètres environ, je rencontre les abeilles d'Arcy butinant en foule sur les fleurs du sainfoin.

Enfin, j'arrive à Avigny, en coupant la pointe de la forêt et en traversant quelques champs de sainfoin, de luzerne et de colza. Je tiens à donner un rapide coup d'œil au rucher de la Chapelle, qui avait beaucoup souffert de la moisissure et de l'invasion des mulots et autres mammifères rongeurs. Aujourd'hui, le mal est à peu près réparé ; il y a bien encore quelques ruches languissantes, mais l'ensemble est satisfaisant : une vingtaine de ruches sur cinquante regorgent de population. J'en augure que les essaims feront leur sortie aux premiers beaux jours ; mais il est à craindre que les nouvelles colonies ne puissent amasser suffisamment de vivres pour passer l'hiver. Donc, pour prévenir la disette et par suite la mortalité, je donne le conseil de doubler les colonies : réunir deux essaims c'est les rendre quatre fois plus forts.

Cet avis donné au gardien du rucher, je prends le chemin d'Avillon, en côtoyant la forêt et en laissant derrière moi et sur ma gauche, quelques massifs de pins et de sapins. J'ai à droite des prairies artificielles dans les terrains calcaires ; plus loin, dans une terre compacte et froide, je ne trouve plus que le trèfle à fleurs purpurines tout à fait inutile aux abeilles, qui butinent près du rucher les dernières fleurs du colza, et qui s'en vont au loin visiter le sainfoin dans la direction de Mailly-la-Ville. Dans les années fécondes en miel, il faudrait pratiquer ici l'essaimage artificiel après les fleurs du colza, qui succède à la navette et au saule marceau ; on éviterait ainsi la perte des essaims naturels qui vont très-souvent se loger dans la forêt voisine du rucher. Les essaims artificiels auraient pour ressources principales la miellée des bois, quelques prairies artificielles, et plus tard les fleurs de la bruyère.

Après une course de quatre kilomètres à travers les bois, les céréales, les prairies artificielles dont la sève est un peu maigre, j'arrive à Brosses, où j'ai à visiter et à comparer trois ruchers qui ont à peu près les mêmes pacages que ceux d'Avigny. Ces trois ruchers étant soumis à la même direction et distants les uns des autres de trois kilomètres seulement, je ne puis attribuer à la flore et à la nature du sol la différence de leur rendement, si différence il y a, d'autant plus qu'ils sont presque toujours également prospères. Or, cette année, il y a une très-grande infériorité de population et de provisions dans le rucher placé à l'ombre du presbytère, presque au sommet de la montagne. Je n'y vois rien qui annonce la sortie des essaims, et les ruches y ont peu de poids. Au contraire, à Fontenilles et à Chevroches, hameaux de Brosses, les ruches sont très-pesantes, et les abeilles forment une grappe énorme au-dessous du tablier.

Je cherche à expliquer cette différence extraordinaire par le voisinage des bois, par l'exposition et la plus ou moins grande élévation des ruchers et des pacages, par la chaleur et l'électricité de l'air, etc. Mais je m'aperçois qu'il manque quelque chose à mes données comparatives pour en tirer de légitimes conclusions. J'espère reprendre plus tard cette étude, avec le secours des instruments perfectionnés par la science.

Je reviens maintenant à mon esquisse de la flore apicole de l'Yonne, qui sera, je dois le répéter, aussi courte que mon excursion a été rapide. Grâce à la vapeur et à la collaboration de plusieurs amis et confrères en apiculture, une semaine aura suffi largement pour cette enquête. J'ai tenu par dessus tout à constater un fait déjà énoncé, savoir que les plantes les plus utiles aux abeilles se rencontrent partout en abondance, excepté dans la partie méridionale de l'arrondissement d'Avallon ; et encore y aura-t-il là une compensation, comme je le dirai plus tard. Dans tous les autres cantons, là où j'ai signalé précédemment la navette, le colza, le saule marceau et autres plantes mellifères, j'aime à retrouver encore aujourd'hui la lupuline et le trèfle incarnat. Et quand j'ai le regret de voir la faux et la charrue disputer aux abeilles ces deux excellents pacages, je m'en console facilement en admirant, à côté de leurs fleurs déjà fanées, le brillant coloris de l'esparcette, qui sera toujours la plante chérie de nos butineuses.

Oui, c'est en vain que les bleuets, les pavots, les sénevés, les ravenelles, les sauges, les séneçons, le thym et le

serpolet viennent dessiner, sur un beau fond de verdure,
ces vivantes mosaïques qui ont dû servir autrefois de modèle pour les étincelantes grisailles de nos cathédrales :
toutes leurs séductions trouvent insensibles les abeilles. La
vue est pour elles un guide moins sûr que le goût et
l'odorat : deux sens qui secondent parfaitement leur instinct de conservation et leur montrent la saveur, l'abondance et la limpidité dans les sucs sucrés du sainfoin.
Aussi iront-elles le visiter jusqu'à la dernière de ses fleurs.
Nous les verrons ensuite se disperser de tous côtés, laissant errer leur choix sur la luzerne, le mélilot, les sénevés,
le serpolet et cent autres fleurs, dont je veux seulement énumérer les plus parfumées et les plus fertiles, en les ran-
geant par familles. Cette simple nomenclature remplira le
but que je me suis proposé.

1° RENONCULACÉES. — Cette famille compte plusieurs espèces utiles à cause de leur pollen ; j'indiquerai seulement
la clématite, *clematis vitalba* (juillet, août), et l'ellébore,
helleborus fœtidus (février, mai). Les renoncules seraient
recherchées pour leur pollen, si leur floraison ne coïncidait
avec celle de plusieurs plantes essentiellement mellifères (mai, septembre).

2° PAPAVÉRACÉES. — Cette famille offre aux abeilles plusieurs espèces convoitées pour leurs sucs sucrés, aussi bien
que pour leur pollen. Les meilleures sont le pavot de La-
motte, *papaver dubium* ; le coquelicot, *papaver rhœas*; le
pavot somnifère, *papaver somniferum*, cultivé pour son
huile dans les cantons de Seignelay, de Ligny-le-Châtel,
et dans quelques autres contrées (mai, août).

3° CRUCIFÈRES. — Presque toutes les espèces de cette famille sont utiles aux abeilles. Nous devons une mention
spéciale à la giroflée, à la barbarée, au vélar, *erysimum
cheiriflorum* ; au colza, *brassica campestris*; à la navette,
brassica napus ; à la moutarde sauvage ou sénevé des

champs, *sinapis arvensis* ; à la moutarde blanche, *sinapis alba ;* à la moutarde noire, *sinapis nigra ;* au radis sauvage ou ravenelle, *raphanus raphanistrum* (avril, mai, juin, juillet).

4° Résédacées.—Le réséda odorant, *reseda odorata*, a les visites empressées des abeilles, non pas à cause de son parfum, puisque le réséda sauvage inodore ou réséda jaune, *reseda lutea*, est également visité (mai, septembre).

5° Violariées. — J'ai vu les abeilles butiner, en petit nombre, sur la violette subcarnée, *viola subcarnea;* en foule, sur la violette odorante, *viola odorata* (mars, avril) ; rarement sur la pensée cultivée et sur la pensée sauvage, *viola tricolor* (mai, septembre).

6° Caryophyllées. — Cette famille offre peu de ressources aux abeilles. Je les ai vues sur la stellaire intermédiaire, *stellaria media;* sur l'alsine même, *alsina tenuifolia*, et sur l'œillet cultivé, *dianthus odoratus* (juin, septembre).

7° Malvacées. — Pacage utile et durable, surtout dans la petite mauve ou mauve à feuilles rondes, *malva rotundifolia*. La mauve sauvage, *malva sylvestris;* la guimauve officinale, *althæa officinalis*, et la rose trémière, *althæa rosea*, donnent aux abeilles du miel et du pollen (mai, octobre).

8° Tiliacées. — Les abeilles se passionnent pour la fleur du tilleul : leur visite commence à trois heures du matin, et ne finit qu'à la tombée de la nuit. Le tilleul à grandes feuilles est le plus répandu. On trouve néanmoins le tilleul corallin, *tilia corallina*, dans les bois de Merry-sur-Yonne et de Mailly-le-Château. Le tilleul à feuilles argentées, *tilia argentea*, donne des fleurs plus tardives, mais également fertiles en miel et en pollen. Il n'est pas assez cultivé (juin, juillet).

9° Légumineuses. — Presque toutes les espèces de cette nombreuse famille sont utiles aux abeilles. Ce serait témérité de vouloir préciser leur importance respective : le choix des abeilles est ici le meilleur juge. Nous pouvons les suivre sur la luzerne cultivée, *medicago sativa ;* sur la luzerne intermédiaire, *medicago media ;* sur la lupuline, *medicago lupulina,* et sur la luzerne naine, *medicago minima ;* sur le mélilot des champs ou mélilot officinal, *melilotus officinalis,* qui, cette année, est très-abondant ; sur plusieurs espèces de trèfles, et particulièrement sur le trèfle incarnat, *trifolium incarnatum,* et sur le trèfle à fleurs blanches, *trifolium montanum* et *trifolium repens ;* sur le galéga officinal, *galega officinalis ;* sur le robinier faux acacia, *robinia pseudo-acacia ;* sur le sainfoin, *onobrychis sativa,* qui est le préféré des abeilles ; sur la vesce cultivée, *vicia sativa,* etc. (avril, septembre).

10° Rosacées. — Cette famille fait souvent la fortune des abeilles au printemps. Pour donner une idée de son importance, il faudrait passer en revue tous nos arbres fruitiers : pêchers, pruniers, pommiers, amandiers, cerisiers, etc., qui offrent d'excellents pacages aux mois d'avril et de mai. Viennent ensuite les ronces, *rubus :* la ronce bleue, *rubus cæsius ;* la ronce serpentante, *rubus serpens ;* la ronce de Walberg, *rubus Walbergii ;* la ronce bicolore, *rubus discolor ;* la ronce dressée, *rubus erectus.* Le rosier, *rosa,* présente aussi un grand nombre de variétés plus ou moins utiles aux abeilles (juin, juillet).

11° Cucurbitacées —Toutes les plantes de cette famille : la courge, le concombre, le melon, offrent dans leurs fleurs des sucs sucrés et du pollen ; la bryone elle-même, *bryonia dioïca,* est utilisée, malgré ses principes vénéneux (juin, juillet, août).

12° Crassulacées. — Cette famille offre aux abeilles plusieurs espèces de sedums à fleurs jaunes, donnant du miel et du pollen (juin, juillet, août, septembre).

13° Grossulariées. — Citons le groseiller épineux, *ribes crispa ;* le groseiller noir, *ribes nigrum,* et le groseiller rouge, *ribes rubrum*, dont les fleurs sont aimées des abeilles (mars, avril, mai).

14° OMBELLIFÈRES. — Plusieurs plantes de cette famille sont visitées pour leur pollen. Le panais cultivé, *pastinaca sativa ;* la berce des prés, *heracleum pratense*, et la berce d'été, *heracleum æstivum*, méritent une mention spéciale à cause de leurs sucs sucrés, utilisés par les abeilles même pendant les plus grandes chaleurs (mai, septembre).

15° ARALIACÉES. — J'ai parlé du cornouiller, *cornus mas*, au commencement du printemps (mars, avril). Cette famille donne encore aux abeilles un beau pacage pour l'automne, dans le lierre grimpant, *hedera helix* (octobre).

16° DIPSACÉES. — J'ai rencontré les abeilles sur la knautie des champs, *knautia arvensis*, et plus souvent sur la scabieuse succise, *scabiosa succisa* (juin, octobre).

17° COMPOSÉES. — Cette nombreuse famille donne des fleurs aux abeilles tous les mois de l'année. Je citerai de préférence : l'aster amelle, *aster amellus ;* la pâquerette, *bellis perennis :* le solidage ou verge d'or, *solidago virga-aurea ;* l'inule ou aunée, *inula helenium* ; l'hélianthe annuel ou soleil, *helianthus annuus*. Plusieurs séneçons : le séneçon visqueux, *senecio viscosus ;* le séneçon des bois, *senecio sylvaticus :* le séneçon jacobée, *senecio jacobæa ;* le séneçon aquatique, *senecio aquaticus*. J'ai vu, sur les plus hauts sommets des Alpes, les abeilles butinant sur une variété de séneçon à fleurs jaunes, probablement celui qui est désigné sous le nom de *senecio alpestris*. Les abeilles utilisent également les fleurs de l'onopordone, *onopordum acanthium ;* celles de plusieurs espèces de chardons et de cirses à fleurs purpurines. Citons, enfin, la petite bardane, *lappa minor ;* le pissenlit officinal, *taraxacum officinale*, et *dens leonis ;* les maillons, *centaurea jacea* (juin, octobre).

18° CAMPANULACÉES. — Je m'amusais, dans mon enfance, à emprisonner les abeilles dans les fleurs blanches et bleues

des raiponces et des campanules, où je les surprenais occupées à faire la cueillette du miel et du pollen (juin,
septembre).

19° ERICACÉES. — Cette famille fournit aux abeilles
d'excellents pacages pour la fin de l'été et le commencement de l'automne, dans la callune vulgaire, *calluna erica*,
calluna vulgaris (juin, septembre) ; et dans la bruyère cen-
drée, *erica cinerea* (juillet, octobre). Ces deux plantes se
rencontrent en abondance dans la région granitique le
Morvand), dans la forêt de Mailly-le-Château ou de Fré-
toy, dans les bois de Pontigny et de Seignelay, dans la
forêt d'Othe, et dans la partie occidentale de l'arrondissement de Sens et d'Auxerre.

20° PRIMULACÉES. — Les abeilles butinent au printemps
sur les primevères ; sur la pâquette, *primula officinalis*, et
sur la primevère élevée, *primula elatior* (mars, mai).

21° CONVOLVULACÉES. — Le convolvulus ou liseron des
champs, *convolvulus arvensis*, donne. depuis le printemps
jusqu'à l'automne, des fleurs qui sont visitées par les abeilles, quand elles n'ont pas à leur disposition un meilleur
pacage (mai, octobre).

22° BORRAGINÉES. — La plus utile des plantes de cette famille est la bourrache officinale, *borrago officinalis*. Ses fleurs
bleues sont aimées des abeilles, aussi bien que celles de la
pulmonaire tubéreuse, *pulmonaria tuberosa* (mai, octobre).

23° SCROFULARIACÉES. — J'ai trouvé les abeilles butinant
sur plusieurs espèces de véroniques, notamment la véronique des champs, *veronica arvensis ;* la véronique officinale, *veronica officinalis* ; la véronique petit-chêne, *veronica
chamædrys*. Mais il m'a paru qu'elles avaient là une assez
maigre picorée (mai, août).

24° VERBÉNACÉES. — Les abeilles butinent pendant tout
l'été sur la verveine officinale, *verbena officinalis* (juin,
octobre).

25° LABIÉES. — Cette famille fournit aux abeilles le miel le plus parfumé dans l'origan vulgaire, *origanum vulgare* ; le thym, *thymus* ; le serpolet, *thymus serpyllum* ; dans la germandrée, *teucrium chamædrys*; dans la mélisse officinale, *melissa officinalis* ; dans l'hysope officinale, *hyssopus officinalis* ; dans la sauge des prés, *salvia pratensis*; dans la sauge officinale, *salvia officinalis*; dans la mélitte à feuilles de mélisse, *melittis melissophyllum* ; dans le lamier pourpré, *lamium purpureum* ; dans le lamier blanc, *lamium album* ; dans le marrube vulgaire, *marrubium vulgare*, etc. Il m'a semblé que les abeilles préfèrent l'abondance à la qualité et au parfum, car je les ai vues dédaigner les fleurs du thym, de la mélisse et de l'hysope, placées près du rucher, pour aller chercher au loin les fleurs du trèfle et du sainfoin (juin, octobre).

26° PLANTAGINÉES. — Les abeilles recueillent du pollen et du miel sur plusieurs espèces de plantains (mai, octobre).

27° EUPHORBIACÉES. — Le buis toujours vert, *buxus semper virens*, qui appartient à cette famille, est utile aux abeilles à cause de son pollen qui vient au printemps (mars, avril) ; mais il faut que cette plante se rencontre en grande quantité, comme à Merry-sur-Yonne et près de l'abbaye de Crisenon. La mercuriale annuelle, *mercurialis annua*, donne quelquefois du pollen pendant l'hiver et au commencement du printemps.

28° URTICÉES.—Cette famille offre aux abeilles de précieux pacages au printemps, dans plusieurs espèces d'ormes, mais surtout dans l'orme des champs, *ulmus campestris*, et dans l'orme subéreux, *ulmus suberosa* (mars, avril).

29° BÉTULINÉES. — Les chatons mâles de l'aune, *alnus glutinosa*, et du bouleau, *betula verrucosa*, sont visités par les abeilles : les premiers en février et mars, les seconds en avril et mai.

30° SALICINÉES. — Nous avons déjà dit que plusieurs espèces de saules et de peupliers sont très-utiles aux abeilles (mars, avril, mai).

31° QUERCINÉES. — Cette famille offre de bonnes ressources aux ruchers placés à proximité des forêts, dans le hêtre, *fagus sylvatica* ; le châtaignier commun, *castanea vulgaris* ; le chêne, *quercus pedunculata* et *sessiliflora* ; le coudrier aveline, *corylus avellana* ; le charme commun, *carpinus betulus* (mars, avril, mai).

32° CONIFÈRES. — Presque tous les arbres appartenant à cette famille sont utiles aux abeilles ; elles se servent de leur résine pour enduire et calfeutrer leur ruche (avril, mai).

33° ASPARAGINÉES. — Les fleurs odorantes du muguet de mai, *convallaria maialis*, attirent les abeilles (avril, mai). Je les ai vues aussi butiner sur les fleurs de l'asperge officinale, *asparagus officinalis* (juin, juillet).

34° LILIACÉES. — Les abeilles recueillent du miel et du pollen sur plusieurs plantes appartenant à cette famille : la tulipe fournit du pollen ; le poireau, *allium porrum*, et l'ognon, *allium cepa*, du miel et du pollen (juin, juillet).

35° AMARYLLIDÉES. — Le narcisse faux-narcisse plaît aux abeilles, mais elles lui préfèrent le narcisse des poëtes, *narcissus poeticus*, très-commun dans la prairie de Sacy, près Vermenton (avril, mai).

36° POLYGONÉES. — Nous avons déjà mentionné le sarrasin ou blé noir, *polygonum fagopyrum*, cultivé dans le Morvand ; ses fleurs donnent beaucoup de miel, et elles sont, avec celles des bruyères, la principale ressource apicole de la région granitique juillet, août, septembre).

37° ACÉRINÉES. — Plusieurs espèces d'érables donnent du miel et du pollen (avril, mai).

38° HIPPOCASTANÉES. — Le marronnier d'Inde, *æsculus*

hippocastanum, produit des fleurs odorantes visitées par les abeilles (avril, mai).

39° VERBASCÉES.—Les abeilles butinent du miel et du pollen sur le bouillon blanc, *verbascum thapsus*.

40° BERBÉRIDÉES. — *Berberis vulgaris*, vinettier, vulgairement épine-vinette. Sa fleur donne beaucoup de miel aux abeilles (mai).

41° OLÉACÉES. — Le frêne élevé, *fraxinus excelsior*, et le troène commun, *ligustrum vulgare*, offrent dans leurs fleurs du miel et du pollen, le premier en avril, le second en juin et juillet.

42° RHAMNÉES. — Le nerprun-bourdaine, *rhamnus frangula*, donne du miel et du pollen (mai, juillet).

43° AMPÉLIDÉES. — *Vitis vinifera*, vigne. Les abeilles recueillent du pollen sur ses fleurs, et des sucs sucrés sur ses fruits entr'ouverts par la pluie, les insectes ou les oiseaux (fleurs en juin, fruits en septembre et octobre).

44° JUGLANDÉES. — Le noyer commun, *juglans regia*, donne un peu de miel et de pollen (avril et mai).

Je pourrais citer encore plusieurs familles et un grand nombre d'espèces dont les fleurs sont utilisées par les abeilles, mais c'est assez. J'ai, d'ailleurs, fait observer que la plupart des plantes fournissent une miellée végétale dont les abeilles savent tirer profit. Je surprendrai peut-être en disant que je les ai vues recueillir un principe sucré sur les feuilles de la pomme de terre, *solanum tuberosum*, et sur celles de la betterave, *beta vulgaris*. Quand on saura que les fleurs de plusieurs plantes vénéneuses peuvent fournir à nos butineuses du pollen et des sucs sucrés, on comprendra que je me sois borné à une mention succincte. Et puis, ce tableau de la flore apicole de l'Yonne n'est qu'une première ébauche, qui sera perfectionnée plus tard. Si je l'ai jetée à la hâte au milieu de la statistique raisonnée de l'essaimage et du travail des abeilles, c'est afin de donner aux apiculteurs le moyen d'évaluer et d'exploiter les ressources florales, au point de vue de la récolte du miel ; car, pour cette année, c'en est fait de l'essaimage. Arrivés au 18 juin, nous ne devons plus attendre que des essaims secondaires ou tardifs, qu'il faudra réunir pour les fortifier et leur donner quelque chance de réparer le temps perdu.

Bien que nous réservions pour le mois de juillet le complément de notre statistique de l'essaimage, dès maintenant nous pouvons dire que. même dans les contrées les plus favorisées, les nouvelles colonies pourront à peine combler les vides produits dans les ruchers par les dernières intempéries.

Pour l'heure présente, nous allons essayer de secouer la torpeur de plusieurs populations exubérantes, qui semblent chômer autour de leur ruche. Suivez-moi donc : allons au rucher d'expérimentation, et voyons ensemble quelles mo difications nous devons faire subir aux différentes ruches, afin de stimuler l'activité de leurs butineuses.

Nous savons que leur prévoyance les porte à augmenter indéfiniment leurs provisions. Il faut d'abord examiner si la capacité de leurs magasins suffit à leur instinct laborieux. Nous pourrons en juger au premier coup d'œil ; puis, la forme et le mécanisme de chaque ruche nous indiqueront le moyen de l'agrandir, s'il y a lieu.

Inspectons tout d'abord cette colonie dont les ouvrières paraissent inactives, tandis que leurs voisines s'empressent de voler à la picorée. Nous avons ici une ruche vitrée à divisions horizontales et verticales, composée de quatre compartiments seulement. Evidemment sa capacité est insuffisante : les abeilles, groupées alentour, commencent à bâtir des rayons en plein air. Enlevons les deux couvercles, et superposons deux cases vides : elles seront immédiatement envahies.

Voyons ensuite cette ruche de même forme, ayant six

compartiments. Les deux cases supérieures servant de magasins de miel, sont entièrement remplies de rayons operculés. Nous pouvons enlever celle qui est la plus pesante ; mettons à la place une case vide, et dans quelques jours elle sera pourvue de nouveaux rayons.

Mais voici une ruche carrée, mesurant trente-cinq centimètres sur toutes faces ; elle surabonde également de provisions et de population. Renouvelons pour elle l'expérience qui nous a déjà plusieurs fois réussi : ouvrons au sommet deux portes de communication, et superposons une ruche de même calibre garnie d'une bâtisse de cire vermeille. Elle sera bientôt remplie de miel blanc. Il nous est facile de répéter cette opération sur plusieurs ruches de même forme.

Quant à cette ruche normande, qui nous paraît dans les mêmes conditions de population et d'approvisionnement, voici la permutation qu'elle réclame : nous allons enlever sa calotte pleine de miel, et nous la remplacerons par une calotte vide.

Cette autre ruche normande, offrant les mêmes indices, peut sans doute être traitée pareillement? point du tout. La calotte soulevée nous présente deux rayons de miel qui n'est pas operculé; laissons ces deux rayons pour servir d'amorce aux ouvrières, et extrayons tout le reste: la brèche que nous aurons faite, sera réparée en moins de huit jours. Nous pouvons soumettre au même traitement toutes les ruches à calotte ou à chapiteau, dont la population est surabondante et inactive.

Pour ce qui est des ruches de l'ancienne forme villageoise, nous nous bornerons à donner une hausse à celles qui n'ont pas une capacité suffisante.

Ces dispositions prises en vue de la récolte du miel, nous allons dire adieu au rucher. Les abeilles n'ont plus besoin de nos soins : la température, qui se maintient humide et

chaude, leur promet de riches pacages. Donc, ami lecteur,
je vous donne rendez-vous à ce même rucher où, dans un
mois, vous pourrez déguster à l'aise le miel le plus limpide
et le plus parfumé. Mais, auparavant, il nous faudra compléter notre esquisse de l'essaimage, et je compte sur votre
zèle apicole pour m'accompagner encore dans une prochaine excursion.

Juillet 1873.

C'est après avoir subi bien des déceptions que nous sommes arrivés à ce mois qui, de loin, sourit également à
l'agriculteur et à l'apiculteur, promettant à l'un les moissons dorées, à l'autre les rayons de miel parfumé. Grâce
aux contre-temps qui ont retardé la végétation, juillet présente, cette année, un attrait de plus : il vient avec assez
de fleurs pour faire croire aux abeilles qu'elles sont encore
au printemps.

Il est vrai, l'essaimage est paralysé, et l'esparcette est
tombée sous la faux après la lupuline et le trèfle incarnat;
mais, à côté de ces pacages justement regrettés, il en est
bien d'autres qui depuis longtemps déjà sollicitent l'infatigable instinct de nos butineuses. Ici, ce sont les luzernes,
les sauges et les trèfles ; là, le serpolet et la germandrée ;
ailleurs, les sénevés, les ravenelles, les pavots, les berces,
le mélilot, et cent autres fleurs dont les sucs sont plus ou
moins précieux. Ils seraient certainement utilisés, si le
nombre des ouvrières était en rapport avec l'abondance
des pacages.

Quoi qu'il en soit, cette abondance nous présage que les
provisions des abeilles seront bientôt terminées, d'autant
plus que l'alimentation du couvain devient chaque jour
moins onéreuse et que les grands consommateurs de miel,

les faux bourdons, vont être sacrifiés comme des bouches inutiles. Que dis-je? ils sont même déjà rejetés par les essaims nouveaux. De plus, je vois des colonies qui n'ont pas essaimé, former une grappe énorme au-dessous du tablier de leur ruche, où elles ont construit des rayons de cire. C'est un indice heureux: dans quelques jours nous commencerons la récolte du miel. Je vais donc pouvoir enfin, ami lecteur, satisfaire votre légitime curiosité, en répondant à la double question que vous m'avez plusieurs fois adressée: Aurons nous du miel? aurons-nous des essaims?

Précédemment, je n'ai pu produire que certaines conjectures qui ne souriaient qu'à moitié à vos rêves de prospérité apicole. D'un côté, je vous montrais l'essaimage compromis par la persistance des intempéries; puis, comme compensation, je vous laissais entrevoir les ruches-mères bénéficiant de ces diverses contrariétés, et gardant des légions d'ouvrières pour exploiter les trésors de la végétation.

Après le bilan de nos craintes et de nos espérances, les faits doivent intervenir pour donner tort ou raison à nos prévisions. Donc, aujourd'hui 2 juillet, je vais reprendre, pour les clore, mes investigations et mes appréciations sur la flore et sur les rendements apicoles.

J'ai souvent répété que les prairies artificielles font du département de l'Yonne une de nos meilleures provinces mellifères. Quand cette opinion fut émise pour la première fois, en 1858, on la taxa de témérité. On lui opposa la supériorité des miels parfumés de Narbonne.

J'avais beau insister et montrer que l'Yonne soutenait la réputation des départements limitrophes, notamment de celui du Loiret, qui achète, pour l'utiliser, le trop-plein de nos ruchers: j'étais éconduit, sans autre raison que cet arrêt de la routine commerciale: « On ne connaît pas le miel de l'Yonne, mais on prône et l'on écoule partout le miel du Gâtinais, qui est, par sa finesse et sa blancheur, le rival du miel parfumé de Narbonne. »

« — Mais, répliquais-je inutilement, nous avons les mêmes pacages et la même fertilité ; nous avons de plus et en abondance les plantes parfumées, qui donnent à notre miel une supériorité incontestable. » — La qualité de nos pacages était révoquée en doute, et, de guerre lasse, je devais en prendre mon parti et passer condamnation.

Eh bien ! aujourd'hui, de ce juge aveugle qui se nomme la routine, j'en appelle à un autre juge plus sûr et plus autorisé, l'expérience ; et si je provoque un nouvel examen de la question, à Dieu ne plaise que ce soit par un vain amour-propre d'auteur ou de critique : je n'envisage que le plus grand bien de notre apiculture départementale, dont les avantages sont trop méconnus. Je le déclare donc, une plus sérieuse information n'a fait que confirmer mes précédentes assertions. Oui, nous avons la variété, l'abondance et la fertilité des pacages mellifères. Oui, nous avons la limpidité et la saveur du miel. Et si mon témoignage avait besoin d'être corroboré par des autorités plus compétentes, en ce qui regarde la richesse de nos pâturages, je renverrais le lecteur à la *Flore apicole de l'Yonne*, par M. Ravin, et à la partie agricole de la *Géographie de l'Yonne*, par M. Dorlach de Borne.

Quant à l'excellence du miel, les comptes-rendus de nos Expositions et Comices agricoles établissent suffisamment que le nôtre ne laisse rien à désirer sous le rapport de la finesse et de l'arôme. Les produits de M. Bernasse, de Sermizelles, ont la blancheur provenant du sainfoin, jointe au parfum des fleurs de la montagne ; ceux de MM. Moreau, Puissant et autres membres de la Société apicole de Thury, ont toutes les qualités du plus beau Gâtinais. Que si l'on m'objecte certains miels plus ou moins défectueux, je prouverai plus tard qu'il faut en imputer les défauts au vice de la méthode apiculturale.

En attendant la récolte du miel, nous allons donner brièvement le compte-rendu de l'essaimage, puis nous ferons une petite excursion à la suite des essaims déserteurs.

Il y a des apiculteurs qui visent plutôt à la multiplication des ruches qu'à la récolte du miel : cette année ne sera pas très-heureuse pour eux. Génés dans l'opération du transvasement par les inconstances de la saison, ils n'ont fait que très-peu d'essaims artificiels. Ceux de ces essaims qui ont pu jouir de la fleur du sainfoin, et qui auront la ressource tardive des bruyères ou des sarrasins, auront seuls quelque chance de passer l'hiver ; les autres traîneront jusqu'à la fin de l'automne une maigre existence. Nous devons encore moins attendre des essaims naturels. Dans les contrées les plus favorisées, ils ne sont venus que dans la proportion de dix, de quinze et au plus de vingt pour cent. Dans la plupart de nos cantons mellifères, l'essaimage naturel a été à peu près nul.

J'ai, précédemment, recherché et signalé les causes de cette stérilité ; bien qu'il reste beaucoup à dire, je n'insisterai pas davantage. Je ferai seulement observer que les essaims naturels et artificiels, fussent-ils des plus prospères, pourraient à peine réparer les brèches faites dans nos ruchers par le pillage et la mortalité du printemps. Espérons que la récolte du miel compensera, par son abondance et sa qualité, ce premier déficit de nos rendements apicoles.

15 juillet. La première moitié de juillet nous a été assez favorable : la végétation a fait son profit de ce qui contrariait les essaims. La pluie nous est venue à peu près régulièrement de deux jours l'un ; aussi avons-nous toujours à profusion les fleurs de luzerne, de trèfle blanc, de serpolet,

de sénevé, de ravenelle, de pavot, de réséda sauvage, etc. Les abeilles qui ont reçu des magasins vides, s'empressent de les remplir et nous préparent du miel de toute nuance, grâce à la miellée végétale de ces derniers jours et à l'abondance des sénevés, des ravenelles et autres plantes, dont les sucs sont plus ou moins âcres et jaunâtres.

En fin de compte, la condition de nos apiers est bonne : les ruches sont déjà bien pourvues, et les fleurs promettent encore du miel. Je crois que si la fin de juillet répond au commencement, il faudra bientôt agrandir ou vider les magasins. Tel est aussi l'avis d'un grand nombre d'apiculteurs.

En attendant que nous puissions vérifier ces prévisions, laissez-moi vous communiquer certaines doléances que je viens de recueillir pendant le cours de ma dernière enquête ; elles m'ont amené à faire d'utiles réflexions que je ne crois pas déplacées entre le compte-rendu de l'essaimage et celui de la récolte du miel.

Il m'est arrivé souvent d'entendre des cultivateurs d'abeilles se plaindre amèrement de l'humeur bizarre, d'aucuns disaient de l'ingratitude de plusieurs essaims naturels, qui s'obstinent à déserter le rucher, malgré tous les soins qu'on leur prodigue. Il y a même des colonies qui, après avoir accepté un instant la demeure qu'on leur offre, la quittent précipitamment, puis, après une rapide évolution dans les airs, prennent leur essor pour une direction qui semble choisie à l'avance, tant leur vol est prompt et direct.

On m'a plusieurs fois demandé la cause de cette désertion, d'autant plus fâcheuse que, dans une année de pénurie, on porte moins facilement le deuil d'un essaim disparu. Ne voulant pas prendre sur moi de donner une réponse précise à une question qui m'a semblé très-complexe, j'ai renvoyé les plus pressés aux adeptes de la science apicole.

Je veux aujourd'hui faire comparaître les essaims inculpés, qui se chargeront de répondre. Pour comprendre leurs raisons, j'ai dû considérer : 1° l'emplacement, l'exposition et la forme de la ruche-mère ; 2° l'exposition et la forme du logement adopté ; 3° la valeur relative des pacages placés à proximité de l'ancienne demeure et de la nouvelle : toutes choses qui influent bien certainement sur l'émigration des essaims. Comme je ne saurais dire quelle est la proportion de cette influence complexe, je rappellerai des faits qui pourront jeter quelque lumière sur la question.

Et d'abord, prenons notre point de départ et de comparaison à Mailly-la-Ville. Là se trouve un apier de quatre-vingts à cent ruches, qui n'a jamais eu à se plaindre de la désertion des essaims ; il semble même que les abeilles y affectionnent le lieu qui les a vues naître, puisqu'elles vont se poser sur les arbres les plus rapprochés de la ruche-mère. C'est à tel point que je pourrais montrer un pommier sur lequel on a recueilli trente-trois essaims en une seule année. Vous criez au prodige ! Pourtant, les abeilles se trouvent ici dans les conditions ordinaires : elles ne sont ni mieux soignées ni mieux surveillées qu'ailleurs ; de sorte que l'on ne saurait attribuer leurs goûts sédentaires à l'industrie du gardien, non plus qu'à la forme de la ruche, puisqu'il y en a de toutes sortes. Quelle est donc la force attractive qui leur impose la résidence ? Je crois l'avoir trouvée : elles ont ici un abri contre les intempéries, et l'abondance jointe à la variété des pacages. Placées entre un ruisseau et des murs élevés, qui les défendent contre la bise et les vents impétueux, elles n'ont guère à se plaindre que du voisinage de la rivière ; mais cet inconvénient est bien compensé par la richesse et la proximité des pacages, qui se succèdent sans interruption. Après les fleurs des ormes, des saules, des peupliers, des arbres fruitiers, des navettes, viennent le sainfoin, la lupuline, la luzerne, le trèfle et le serpolet. Joignez à ces avantages une prairie vaste et fertile, et vous aurez le secret de l'attachement des essaims pour le verger qui leur a offert leur première picorée.

De Mailly-la-Ville, allons à Sery, la distance à franchir n'est pas grande : elle est de deux ou trois kilomètres seulement. Nous y trouvons les mêmes ressources mellifères, avec un peu plus de précocité. D'où vient donc que le rucher de cette dernière localité donne chaque année des essaims fugitifs ? Voyez et jugez. Les apiers de Sery et de Mailly-la-Ville, choisis comme termes de comparaison, ont une orientation inverse. A Sery, l'exposition est celle du soleil couchant ; à Mailly-la-Ville, celle du levant. Ici, les ruches sont posées au dessous de la maison, à peu près au niveau de la rivière ; à Sery, presque au sommet d'une colline, exposées à tous les vents. Faut-il s'étonner que les abeilles se mettent en quête d'un meilleur abri, quand, d'ailleurs, le logement qu'on leur offre est d'une propreté douteuse, ayant presque toujours servi de tombeau à une colonie précédente !

J'ai dit ailleurs que les apiers posés sur la lisière d'une forêt produisent beaucoup d'essaims vagabonds, qui déjouent la vigilance et l'assiduité des gardiens. On peut parer à cet inconvénient par l'essaimage artificiel. Si je suis mes souvenirs, j'arrive à Pacy-sur-Armançon, où je rencontre un superbe essaim fuyant l'exposition du couchant et le voisinage bruyant de la basse-cour, pour aller se loger dans une cavité des ruines de l'ancien château, au milieu des violiers jaunes et des groseillers, ayant au soleil levant les saules, les peupliers, les prairies naturelles et artificielles. Je pourrais citer encore plusieurs essaims d'Arcy allant, pour les mêmes motifs, se réfugier dans les rochers voisins de la *grotte des fées*. J'ai vu également des colonies fugitives logées dans les roches du Saussois ; même j'en ai

1. Ruche à feuillets_Huber.

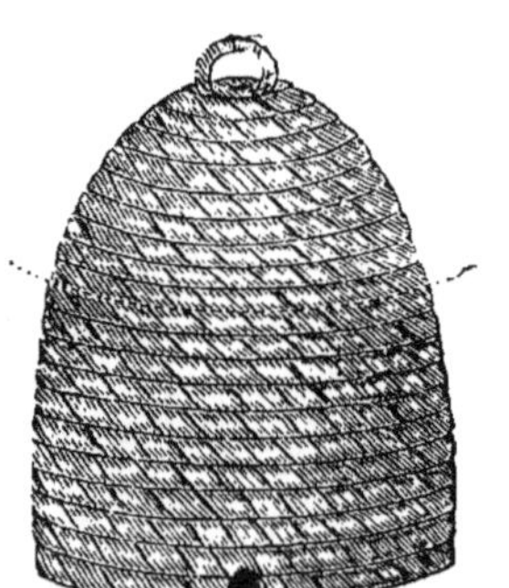

2. Ruche commune
en paille.

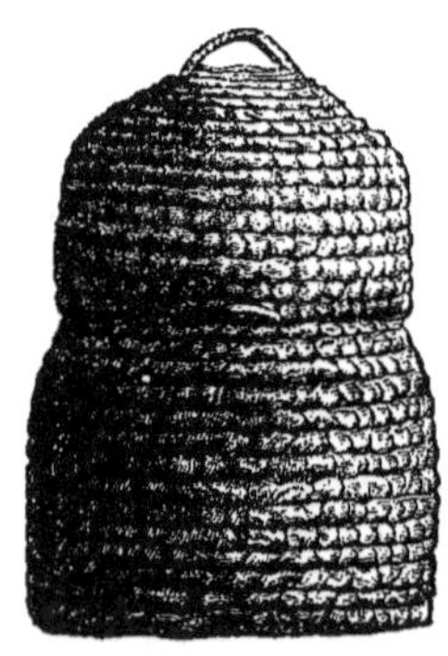

3. Ruche à chapiteau
dite Normande.

rencontré souvent dans le creux des chênes et des noyers.

D'après l'inspection des lieux, je suis persuadé que le calme de la solitude et la richesse des pacages avaient motivé le choix de ces installations diverses. On alléguera peut-être des essaims qui ont tout à souhait : logement confortable, magnifique emplacement, soins intelligents, excellents pacages, et qui n'en sont pas plus attachés à l'abeiller qui fut leur berceau. —Je réponds que le fait est assez rare pour qu'on doive s'abstenir de toute plainte, surtout si l'on considère que ces colonies ont parfois à remplir une mission providentielle et toute de charité. Je veux citer deux traits qui témoignent plus particulièrement de la bonté et de la sagesse du Créateur : ils viennent à l'appui d'un sentiment qu'on pourrait suspecter de mysticisme.

J'ai connu plusieurs ruchers considérables dont le noyau fut un essaim fugitif, qui s'était donné à un pauvre cultivateur. Cet apiculteur improvisé vit doubler chaque année le nombre des ruches et la quantité des rendements de cire et de miel. Comme il avait quatre enfants, qui allèrent s'établir dans les pays voisins, il fit à chacun d'eux une dot de cinq à six ruches. Chaque ruche grandit rapidement, de façon à former un apier de trente à quarante ruches, qui apporta un peu d'aisance dans un pauvre ménage.

Voilà, certes, un excellent moyen de propager les bienfaits de l'apiculture. Il se recommande à l'attention de nos Comices et de nos Sociétés agricoles et apicoles. Donner des médailles et des primes en argent, c'est fort bien ; mais il y a mieux à faire encore, ce semble : c'est d'imiter la Providence qui fait servir l'instinct, les préférences et même les caprices de l'abeille à la répartition du bienêtre matériel. Au lieu d'entraver par des mesures prohibitives l'installation des petits ruchers près de la chaumière, qui n'a souvent à sa disposition qu'un lambeau de terre, on devrait réclamer pour eux des lois protectrices et libérales, et multiplier les apiers autant que possible, en décernant, à titre d'encouragement, quelques ruches aux ouvriers et aux petits cultivateurs les plus méritants. Je crois qu'une Société d'apiculture départementale se prêterait fort bien à la réalisation de ce projet philanthropique. Espérons que les amis des abeilles s'en occuperont au moment de la prochaine Exposition d'agriculture.

Un Ermite, devenu malgré lui cultivateur d'abeilles, pourrait témoigner ici en faveur des essaims fugitifs ; mais son histoire se présentera plus tard pour compléter la statistique des bienfaits de l'apiculture. J'ai hâte de revenir au rucher, car, à la fin de juillet, il est temps de commencer la cueillette du miel. Aussi bien devez-vous être impatient de constater le résultat des modifications que nous avons fait subir aux ruches de différentes formes.

Commençons par cette ruche vitrée à divisions horizontales et verticales, qui a reçu deux cases vides, en prévision de la récolte du miel : soulevez-en les volets, pour voir si ces cases sont remplies de rayons operculés. Vous avez lieu d'être satisfait : quelle abondante et magnifique récolte dans ces deux magasins, contenant ensemble huit kilogrammes de miel blanc ! Qu'allez-vous faire de ce petit trésor ? Si vous voulez m'en croire, vous n'en prendrez que la moitié : deux raisons vous commandent la modération. D'abord, le temps est à la sécheresse depuis une quinzaine de jours, à tel point que les fleurs commencent à être dépourvues de sucs sucrés ; et puis, j'aperçois un peu de miel roux dans l'un des deux compartiments. Quand on a la liberté du choix, il est bon de laisser ce miel inférieur pour l'alimentation de la ruche, d'autant plus qu'il se cristallise moins facilement que le miel blanc. Chassez donc les abeilles au moyen de la fumée, et, à la place du magasin enlevé, mettez cette case garnie de vieille cire. Si les abeilles trouvent moyen de la remplir, vous la récolterez au printemps prochain.

Mais voici une autre ruche vitrée de même forme, composée, elle aussi, de six compartiments et ayant déjà fourni, il y a quinze jours, six kilogrammes de miel. La brèche, vous le voyez, a été promptement réparée. Les abeilles, repoussées par la fumée, laissent les rayons à découvert dans l'étage supérieur et dans le compartiment du milieu. Vous seriez tenté, n'est-il pas vrai? de faire ici une abondante cueillette. Je vous conseille d'attendre. Ces rayons ne sont pas tous operculés; il y a, d'ailleurs, exubérance de couvain et de faux bourdons, ce qui présage une très-grande consommation de miel. Il est donc prudent d'attendre leur disparition pour mieux juger de l'état des provisions. Quoi qu'il en soit, je puis vous certifier que cette ruche vous donnera plus tard de cinq à six kilogrammes de miel.

Voilà bien d'autres ruches de même système, mais elles n'ont que deux étages ou quatre compartiments. Pour votre gouverne, je vous engage à en vérifier le poids. Vous trouvez vingt-cinq, trente et trente-cinq kilogrammes ; c'est fort bien : ces ruches sont assurées contre la disette, mais il ne faut pas y toucher avant la fin de l'hiver, à moins qu'elles ne deviennent orphelines — ce que nous examinerons dans un mois ou deux.

Nous arrivons aux ruches carrées, mesurant trente-cinq centimètres sur toutes faces. En voici une qui a reçu pour magasin de miel une ruche de même calibre, garnie d'une bâtisse de cire vermeille : posée sur la bascule, elle vous donne un total de quarante kilogrammes. Enfumez et inspectez. Vous trouvez la case supérieure entièrement remplie de miel blanc ; c'est un poids de 15 kilogrammes que vous pouvez enlever. Soyez sans inquiétude pour le compartiment inférieur. Voyez, il y a du couvain, une forte population et des provisions plus que suffisantes. Mais avant de le couvrir de son paillasson, vous devez fer-, mer les entrées que vous avez ouvertes au sommet pour le mettre en communication avec son magasin de miel.

Voici une ruche semblable, qui présente les mêmes conditions de pesanteur et d'activité, avec cette différence que la case supérieure renferme presque autant de couvain que la case inférieure. Vous pouvez faire ici un essaim artificiel par division, en transportant à l'extrémité du verger le compartiment inférieur, qui présente un couvain plus abondant : je vous garantis le succès de l'opération.

Quant à cette ruche de même forme, également doublée, je la recommande à votre attention ; son poids est à peu près celui de la ruche précédente, mais sa population est faible, et vous n'y voyez pas de couvain. Il y a, en revanche, une grande quantité de pollen, emmagasiné en vue d'une progéniture qui a fait défaut. Vous avez ici une colonie orpheline ou une mère inféconde, ce qui est équivalent pour l'apiculteur. Vous allez en chasser les abeilles, que vous réunirez à une colonie trop faible de population, et si plus tard vous jugez que les provisions ne sont pas suffisantes, vous donnerez un supplément de nourriture vers la fin de septembre. Les abeilles étant ainsi expropriées, vous tirerez vingt kilogrammes de miel d'une ruche qui vous a produit un essaim de mai : n'est-ce pas un assez beau profit? Je vous engage à apprécier et à traiter de même les autres ruches carrées.

Nous avons affaire maintenant aux ruches à calotte normande. Commencez par reconnaître l'état du couvain et des provisions de chacune d'elles. Vous enlèverez la calotte remplie de miel, quand la case inférieure vous donnera un poids de dix-huit à vingt kilogrammes. S'il n'y a pas de couvain, vous transvaserez les abeilles et vous recueillerez tout le miel. Quand vous aurez enlevé une calotte ou magasin de miel, vous fermerez provisoirement par une planchette la porte de communication : un petit courant d'air ne saurait être nuisible pendant les grandes chaleurs; mais vous aurez soin de le supprimer avant l'hiver.

Quant aux ruches d'une seule pièce à fond arrondi, ovale ou aplati, vous pouvez essayer d'en extraire les plus beaux rayons de miel. Mais, au préalable, enfumez fortement et renversez la ruche ; puis, couvrez d'une toile la partie occupée par le couvain, et opérez très-vivement l'extraction du'miel. Vous avez beau faire, le temps est à l'orage, les abeilles sont au paroxysme de l'irritation, et je vois un commencement de pillage : je crois que vous ferez bien de remettre au mois prochain la récolte de ces ruches. Vous vous adresserez alors aux plus riches et aux plus anciennes ; vous en chasserez les abeilles, pour les marier à des populations faibles que vous alimenterez au besoin.

Toutes les ruches étant recouvertes de leur paillasson, vous allez opérer le triage du miel, ayant soin de faire couler à part les rayons jaunâtres, recueillis par les abeilles depuis la floraison du sainfoin ; il y a très-peu de ce miel inférieur. Je n'ai plus qu'à vous féliciter et à vous dire : « Dégustez et savourez ce nectar ; il a tout à la fois la blancheur, la finesse et l'arôme. »

Août 1873.

On connaît le proverbe des apiculteurs bourguignons :

> Quand il pleut en août,
> Il pleut miel et moût.

Hélas ! c'est en vain que la pluie d'août viendrait, cette année, rafraîchir nos vignobles : elle n'aurait pas le pouvoir de ressusciter nos espérances anéanties par les gelées du printemps.

Mais, direz-vous, à défaut de vin, nous pourrons avoir de l'hydromel? — Oui, si les douces ondées, accompagnées de l'électricité, se succédaient pour ranimer la végétation et développer les sucs mellifères. C'est tout le contraire qui arrive. Depuis plus de trois semaines, le vent du midi persiste à balayer les nuages, et permet au soleil de darder ses plus chauds rayons sur les fleurs altérées. Pauvres fleurs ! depuis si longtemps qu'elles appellent l'humidité de la terre et du ciel, et toujours en vain ! La nuit n'a plus de fraîcheur, l'aurore ne donne plus sa rosée, et le ciel est devenu d'airain pour la terre brûlée jusque dans ses entrailles.

Cependant, les arbres et quelques plantes à racines pivotantes peuvent encore aller à une certaine profondeur puiser leurs sucs nourriciers, et la miellée végétale apparaît par instants sur les feuilles du saule blanc, *salix alba*, et sur celles de plusieurs essences forestières. Les circes, les chardons, les berces, les luzernes, les verveines, les résé-das et les séneçons donnent encore un peu de miel ou de pollen, mais seulement aux premières heures du jour. Les abeilles ne s'y trompent pas : elles ne vont guère à la campagne que pour visiter les fleurs du matin ; tout le reste du temps, elles demeurent immobiles autour de leur ruche.

Et pourtant, objectez vous, il y a encore des fleurs sur le versant des coteaux, le long des chemins et sur le bord de la rivière. — Oui, assurément ; j'y ai trouvé, comme vous, le mélilot, le trèfle blanc, le sarrasin, la chicorée, le serpolet, la germandrée et plusieurs autres pacages. Mais le sarrasin seul donne encore un peu de miel et de pollen ; les autres plantes ne nous offrent que des corolles rétré-cies et des organes qui, vus au microscope, présentent toutes les apparences de la stérilité : le pistil est grêle ou déprimé, les étamines n'ont plus qu'une poussière inodore et sans fraîcheur, et les nectaires atrophiés sont dépourvus de sucs sucrés.

Voilà pourquoi les abeilles, découragées, aiment mieux rester inactives que d'affronter les dangers d'une exploration lointaine et infructueuse. Mais le proverbe dit :

> Qui dort en août
> Dort à son coût.

Les abeilles le savent mieux que nous. Aussi n'est-ce pas sans une impatience mêlée de dépit qu'elles se voient condamnées au repos, quand il leur faudrait une activité de tous les instants pour alimenter leur progéniture et ces légions de faux bourdons, qui entament déjà les provisions de la ruche. Dans cette perplexité, l'appréhension de la famine leur inspire une résolution désespérée: pour sauver l'avenir de la colonie, elles décrètent le sacrifice des bouches inutiles , le massacre des faux bourdons !

J'avoue que le spectacle de cette impitoyable tuerie a toujours produit chez moi une sorte de saisissement. La fleur brûlée par le soleil, le moucheron éphémère dévoré par l'araignée, n'excitent pas ma pitié au même point que ce paria de la ruche, qui, naguère encore, était choyé et gorgé de miel, et qui, aujourd'hui, se trouve sous le coup d'un arrêt de mort. Voulez-vous connaître les terribles effets de cet anathème ? Approchez de cette ruche dont l'entrée est obstruée par un flux et un reflux d'abeilles toutes frémissantes. Ici, c'est une ouvrière faisant l'office de croque-mort, qui tombe avec le cadavre qu'elle s'efforce d'entraîner. Là, vous avez sous les yeux un duel acharné dans lequel les chances ne seront pas égales : d'un côté, la grandeur et la force sans armure ; de l'autre, le courage et le dard empoisonné. Voyez-vous cette exécutrice des hautes œuvres saisissant par le milieu du corps sa victime désarmée ? Déjà elle se replie pour lui enfoncer en pleine poitrine le terrible aiguillon, mais la voilà emportée dans les airs par son robuste antagoniste. Que va-t-il advenir ? Je suis de l'œil leur vol irrégulier et leur combat aérien, et je vois les deux lutteurs redescendre en tourbillonnant, comme l'oiseau dont l'aile a été atteinte par la balle du chasseur. Vous croyez le faux bourdon blessé mortellement ? Détrompez-vous : il a pu se débarrasser de l'inexorable étreinte, il se relève et va, joyeux et triomphant, se poser à l'entrée de la ruche natale. Vains efforts, inutile victoire ! L'ouvrière l'a devancé : elle l'attend, le saisit, et réussit à le percer au front ; et à l'instant même il tombe expirant.

Ce duel à mort a lieu aussi à l'intérieur de la ruche, et il se répètera jusqu'à extinction du dernier faux bourdon. Mais, pour que les abeilles deviennent ainsi impitoyables, par instinct de conservation, il faut qu'elles possèdent une reine ou mère féconde ; autrement, elles souffriront non-seulement les faux bourdons, mais encore les insectes apivores et les mammifères rongeurs, et ainsi la ruche sera à la merci des pillards de toute sorte.

Je vais vous en donner la preuve en vous faisant parcourir le rucher. Approchez avec précaution de cette colonie : elle vient d'exécuter ses faux bourdons, et son activité fébrile témoigne que la ponte de la mère n'a pas été interrompue ; aussi n'a-t-elle pas besoin de ses trente mille dards pour tenir en respect ses nombreux ennemis. Ne la provoquez pas, elle est irascible, et ses vigilantes sentinelles sont toujours prêtes à percer le téméraire qui oserait toucher à leur domaine.

Quant à cette ruche dont les abeilles paraissent indolentes, je la crois orpheline : dans la dernière enquête, j'ai trouvé ses rayons dépourvus de couvain, et je l'ai toujours vue sans énergie pour la défense et pour la cueillette du

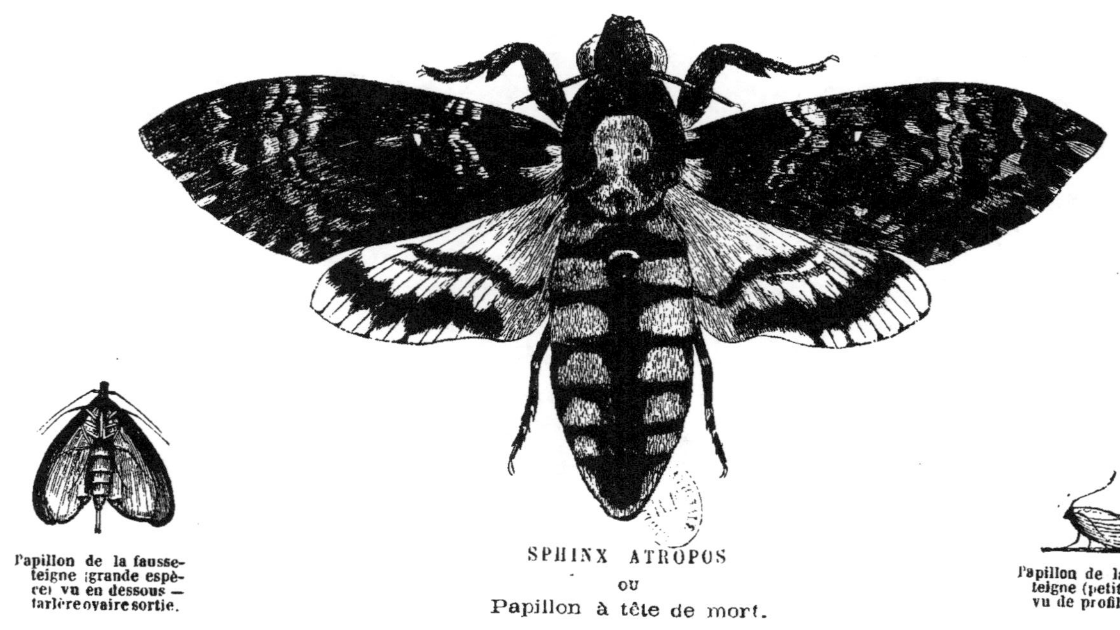

SPHINX ATROPOS

ou

Papillon à tête de mort.

miel. Vous pouvez en approcher sans crainte : un peu de fumée suffira pour effrayer ses timides gardiennes, et si vous insistez, elles iront se cacher au fond de la ruche. Mais ce qui fait mieux voir encore qu'elles ont conscience de leur faiblesse, c'est ce petit rempart crénelé qu'elles ont construit avec de la propolis, à l'entrée de leur demeure.

Pourquoi cette précaution ? Si je le demande à Huber et à ses copistes, ils me diront que ces barricades sont destinées à arrêter le sphinx atropos ou papillon à tête de mort. Ce nom seul vous fait frissonner, n'est-il pas vrai ? Que serait-ce donc si vous connaissiez les exploits de ce ravageur des ruchers ? Ecoutez, en voici l'histoire, d'après l'auteur de l'*Insecte* (1) :

C'était vers le temps de la Révolution américaine, peu avant la Révolution française. On vit apparaître et se répandre un être inconnu à notre Europe, d'une figure effrayante, un grand et fort papillon de nuit, marqué assez nettement en gris fauve d'une vilaine tête de mort. Cet être sinistre, qu'on n'avait jamais vu, alarma les campagnes et parut l'augure des plus grands malheurs. En réalité, ceux qui s'en effrayaient l'avaient apporté eux-mêmes. Il était venu en chenille avec sa plante natale, la pomme de terre américaine, le végétal à la mode que Parmentier préconisait, que Louis XVI protégeait, et qu'on répandait partout. Les savants le baptisèrent d'un nom peu rassurant : le *sphinx atropos*.

Cet animal était terrible, en effet, mais pour le miel. Il en était fort glouton, et capable de tout pour y arriver. Une ruche de trente mille abeilles ne l'effrayait pas. En pleine nuit, le monstre avide, profitant de l'heure où les abords de la cité sont moins gardés, avec un petit bruit lugubre, étouffé, comme étoupé par le duvet mou qui le

(1) Michelet.

couvre, comme toutes les bêtes de nuit, envahissait la ruche, se gorgeait, pillait, gâchait, bouleversait les magasins et les enfants. On avait beau s'éveiller, se rassembler, s'ameuter, l'aiguillon ne perçait pas l'espèce de couverture, de matelas mou et élastique, dont il est garni partout, comme ces armures de coton que portaient les Mexicains du temps de Cortez, et qu'aucune arme espagnole ne pouvait percer.

Huber avisait aux moyens de protéger ses abeilles contre ce pillard effronté. Ferait-il des grilles, des portes ? Et comment ? C'était son doute. Les clôtures les mieux imaginées avaient toujours l'inconvénient de gêner le grand mouvement d'entrée, de sortie, qui se fait au seuil de la ruche. Leur impatience leur rendait intolérables ces barrières, où elles pourraient s'embarrasser et briser leurs ailes.

Un matin, l'aide fidèle qui le secondait dans ses expériences, lui apprit que les abeilles avaient déjà elles-mêmes résolu le problème. Elles avaient, en diverses ruches, imaginé des systèmes divers de défense et de fortifications. Tantôt elles construisaient un mur de propolis, avec d'étroites fenêtres, où le gros ennemi ne pouvait passer. Tantôt, par une invention plus ingénieuse, sans rien boucher, elles plaçaient aux portes des arcades entrecroisées ou de petites cloisons les unes derrière les autres, mais qui se contrariaient, c'est-à-dire qu'au vide laissé par les premières, répondait le plein des secondes. Ainsi, nombre d'ouvertures pour la foule impatiente des abeilles qui pouvaient, comme à l'ordinaire, entrer, sortir, sans autres obstacles que d'aller un peu en zigzag. Mais clôture, absolue clôture pour le grand et gros ennemi, qui ne pouvait plus entrer avec ses ailes déployées, ni même glisser sans froissement par ces corridors étroits.

Ce fut le coup d'état des bêtes, la révolution des insectes,

exécuté par les abeilles, non-seulement contre ceux qui les
volaient, mais contre ceux qui niaient leur intelligence.
Les théoriciens qui la leur refusaient, les Malebranche et
les Buffon, durent se tenir pour battus. L'on dut revenir
à la réserve des grands observateurs, des Swammerdam,
des Réaumur, qui, loin de contester le génie des insectes,
nous donnent nombre de faits pour prouver qu'il est flexi-
ble, qu'il peut grandir par les dangers, les obstacles, quitter les routines, faire des progrès inattendus dans certaines
circonstances. —

Il est facile de reconnaître dans ces lignes la plume brillante qui, trop souvent trempée dans le fiel des passions
politiques, a infligé à notre histoire nationale tant de pam-
phlets acrimonieux. Elle n'a pas mieux traité l'histoire des
insectes ; elle en a fait le thème d'agréables romans, en
remplaçant le flambeau de l'expérience par le verre gros-
sissant de l'imagination. Il faut donc bien en rabattre des
faits et gestes de ce fameux sphinx atropos, funeste importation d'Amérique, qui, fort heureusement pour nous, n'a
pas tenu ses promesses menaçantes. Plusieurs apiculteurs
de ma connaissance ont été pendant toute leur vie à la
recherche du papillon à tête de mort, sans pouvoir jamais
le rencontrer.

En revanche, voici un autre insecte crépusculaire très-
commun, qui, sous un nom moins effrayant, je dirais presque sous une apparence chétive, cache des instincts voraces, qui en font le fléau de certaines colonies d'abeilles : je
veux parler de la gallérie, appelée vulgairement fausse-
teigne, *galleria cerella* et *galleria alvearia*.

Cet insecte, de l'ordre des Lépidoptères, famille des Nocturnes, doit être étudié dans ses différentes phases, soit
comme papillon, soit comme larve, si l'on veut se rendre
compte de sa propagation et des moyens de la restreindre.
Il semblerait inutile de donner son signalement, puisqu'il

n'est pas un apiculteur qui, au commencement de la nuit, après une belle soirée de printemps, n'ait surpris, voltigeant au-dessus de son apier, de petits papillons dont la couleur est d'un gris obscur; avec de petites taches noirâtres semées sur leurs ailes supérieures légèrement échancrées. Ce qui frappe tout d'abord dans ces insectes, c'est la différence de leur taille et de leurs allures. Cette différence est expliquée par celle de l'espèce : le papillon de la *galleria cerella* est beaucoup plus gros que celui de la *galleria alvearia*. La tête et le corselet du premier sont d'un gris plus clair, et son vol est plus lourd que celui du papillon de la seconde espèce, dont la tête et le corselet sont d'un gris jaunâtre et les yeux d'un rouge brillant.

La vue de ce fragile insecte ne vous inspirerait aucune défiance, si sa présence et le mouvement de ses ailes n'excitaient dans le rucher un bruissement de frayeur et de colère. A sa première apparition, les gardiennes ont donné l'éveil, et aussitôt cent abeilles, mille abeilles se précipitent à l'entrée de la ruche, pour faire de leurs corps un rempart inexpugnable. Que dis-je ? toute la colonie est sur la défensive, et vous respirez l'odeur du poison dont les sentinelles imprègnent leurs aiguillons. Ici, la population est forte et courageuse : elle a sa reine ou mère féconde, elle saura repousser l'ennemi, et au besoin détruire ses œufs et ses larves. Mais il n'en sera pas ainsi des colonies orphelines ou de celles qui ont des mères imparfaites : il semble qu'elles aient conscience de leur faiblesse. Comme une armée qui manque de chefs ou qui n'est pas recrutée, elles se livrent au découragement et se replient à la moindre attaque, pour chercher à couvrir leurs provisions de miel.

Le papillon ayant pénétré dans le logement, va déposer clandestinement ses œufs dans la partie la plus reculée des rayons ; si la chaleur y est trop faible, ils attendront pour éclore que les parois de la ruche soient échauffées par les rayons du soleil ou par l'air extérieur. Alors, les jeunes larves, guidées par leur instinct, perceront la cire vierge, qui est pour elles insipide ou inutile, et, à travers les petites portes et les galeries soyeuses destinées à les protéger, elles iront dévorer la cire qui a servi de berceau pour les couvains. Déjà elles ont grandi, et se donnent à souhait la chaleur requise pour un prompt développement ; déjà les chenilles ont vingt millimètres de longueur sur deux millimètres de largeur, et elles vont toujours dévorant la vieille cire et broyant la cire nouvelle, dont elles enveloppent et fortifient leurs galeries.

Tant que cette légion de parasites n'est pas assez forte ou assez nombreuse, elle avance, comme les assiégeants d'une citadelle, en ouvrant et prolongeant la tranchée. Mais la voilà maîtresse de la place dont sa voracité a fait un monceau de ruines ! Il ne reste plus guère debout que les rayons de miel, qui exhalent une odeur âcre et nauséabonde ; c'est le signal de la suprême débâcle. Les abeilles, poussées jusque dans leur dernier retranchement et décimées par les ennemis du dedans et du dehors, prennent le parti de s'expatrier ; je me trompe, elles sont expropriées par les abeilles des ruches voisines, qui viennent se disputer leurs magasins de miel. Une fois le miel enlevé, les vers rongeurs continuent leurs ravages ; et avant de se transformer en chrysalides pour devenir papillons, ils quittent leur quartier général, et vont se réfugier le long des parois, sous le tablier et même sous le paillasson de la ruche, où ils filent des cocons blanchâtres dans lesquels ils demeureront prisonniers jusqu'à ce que leur métamorphose soit complète.

Enfin, les voilà devenus insectes parfaits. Vous voyez, à la chute du jour, une nuée de papillons voltigeant aux abords du rucher ; et bientôt les mères, fécondées dans les airs, cherchent à forcer l'entrée d'une ruche désorganisée, pour y déposer leurs œufs et renouveler les ravages que je viens de décrire.

A la vue de cette multitude d'assaillants, vous êtes tenté de croire à une dévastation prochaine et générale du rucher. Rassurez-vous : pour suppléer à la protection de l'homme, qui n'est pas toujours intelligente, la Providence a ménagé une armée d'auxiliaires nocturnes et diurnes ; et les meilleurs de ces auxiliaires sont précisément ces petits oiseaux sur lesquels des apiculteurs prévenus ont fait peser une grave accusation. N'ont-ils pas dit et redit à satiété que la mésange, la fauvette, le rossignol, le pinson, le moineau, voire même l'hirondelle, sont des apivores dangereux dont il faut se débarrasser à tout prix !

Avant d'exécuter leur sentence de mort, j'ai voulu vérifier les motifs allégués. Je voyais bien le bec de nos petits échenilleurs saisir avidement les couvains avortés, mais les abeilles me paraissaient à l'abri de leurs convoitises. Il n'en était pas de même des larves de la gallérie.

J'ai longtemps observé une mésange qui, pour alimenter sa nombreuse couvée, visitait assidûment une ruche ravagée, à mon insu, par la fausse-teigne. Je crus d'abord que sa voracité s'attaquait à la progéniture au berceau ; mais je revins de mon erreur quand je la vis prendre un cocon dans ses petites serres, puis le déchirer avec son bec pour en extraire une larve, qu'elle portait avec un vol rapide dans la cavité d'un mur voisin. Cette manœuvre, plusieurs fois répétée, me prouva que ce petit oiseau a droit à la protection de l'apiculteur aussi bien qu'à la reconnaissance des abeilles. Le rossignol, la fauvette, le moineau et le pinson ont donné lieu à la même observation, et méritent les mêmes égards.

Je vois bien, direz-vous, les auxiliaires diurnes ; volontiers je leur rends mon estime et ma confiance. Mais, qui donc défendra les abeilles contre le sphinx atropos et les autres papillons de nuit ? Ici encore, je veux faire admirer la prévoyance du Créateur. Je connais un petit mammifère ailé qui est pour l'homme un objet de dégoût. Un préjugé populaire voit dans sa présence un sinistre présage ; les anciens Grecs en ont fait l'emblème de leurs harpies, les modernes celui de l'archange maudit, tandis que les Caraïbes le chérissaient comme l'ange gardien de leur maison. Ce petit animal, objet de sentiments si divers, vous l'avez déjà nommé, c'est la chauve-souris. Et sous ce nom, je comprends non-seulement les Vespertilions, mais encore les nombreuses tribus de Chéiroptères armés tout exprès pour la destruction des insectes crépusculaires ou nocturnes, dont les larves sont si préjudiciables à l'apiculture et même à l'agriculture.

Si donc l'abeille pouvait être consultée, partageant le sentiment des Caraïbes, elle prônerait et invoquerait la chauve-souris comme un ange tutélaire. Je lui donnerais facilement raison, puisque j'ai été plusieurs fois témoin de la chasse faite au papillon de la gallérie par nos chéiroptères. Cette assertion, je n'en doute pas, fera sourire bien des apiculteurs : ne vaudrait-il pas mieux reconnaître et glorifier cette Intelligence divine qui brille jusque dans les ténèbres, pour établir une sage pondération des êtres ? Mais passons ; revenons à l'apier.

Vous avez vu les progrès de la fausse-teigne arrêtés par les petits oiseaux ; il me reste à vous montrer comment l'apiculteur peut devenir le propagateur inconscient de ce dangereux insecte.

Ayant admis en principe qu'une nombreuse colonie d'abeilles, jointe à une mère féconde, peut défier ses ennemis de toute sorte, vous me demandez comment il arrive que tant de ruchers soient encore dévastés par les papillons de nuit ? Pour vous répondre, je devrais passer

en revue les différentes formes de ruches, en même temps
que les méthodes apiculturales plus ou moins défectueuses;
mais ce sujet complexe trouvant ailleurs sa place pour
une étude plus approfondie, je ne puis que l'effleurer ici,
dans le seul but de résoudre le problème que vous m'avez
posé.

Signaler le mal, c'est hâter la guérison, en appelant le
remède. Je viens donc dénoncer l'aveugle cupidité qui
égare les apiculteurs au point de leur montrer la somme
des profits grandissant en raison de la capacité des ruches.
Leur principe erroné les conduit aux plus fâcheuses conséquences : ils imposent à leurs essaims de vastes logements
et en même temps ils cherchent à multiplier les colonies,
au lieu de les réunir pour les fortifier et les proportionner
à la capacité de leur ruche. Qu'arrive-t-il ? Les abeilles
n'étant plus assez nombreuses pour prolonger les rayons
de cire, garder leur miel et réchauffer les couvains, doivent
se concentrer sur un coin de la ruche, laissant le reste à
la discrétion de leurs ennemis. Les papillons en profitent
pour y déposer leurs œufs qui sont, il est vrai, presque
toujours détruits par les vigilantes abeilles. Quelques-uns
cependant peuvent éclore et produire des larves, qui passent
inaperçues en se cachant dans leurs tissus soyeux, et par-
viennent ainsi à se transformer en papillons. Or, si plusieurs
de ces papillons ont la bonne fortune de rencontrer une
ruche dont la population soit désorganisée, les vers y pul-
lulent bientôt, et finissent par amener la ruine complète
de la colonie.

D'où je conclus que le premier soin de l'apiculteur doit
être de mettre la capacité de ses ruches en rapport avec le
nombre des ouvrières, quitte à leur donner un supplément
de logement ou un nouveau magasin vide, au temps de
l'abondance des fleurs et de l'exsudation mellifère des
feuilles.

Un autre soin tout aussi important consiste à visiter souvent l'abeiller pour constater l'état des ruches et de leur travail. A-t-on remarqué des colonies orphelines ou qui ont une mère dont la ponte est viciée, on les réunit aux essaims faibles, dans le but de leur donner une force suffisante pour garder les provisions et même les entrées de la ruche ; puis, on prend, sur les dépouilles des ruches expropriées, le supplément de nourriture réclamé par les essaims dont la population aura été doublée ou triplée.

Comme cette opération est minutieuse et qu'elle comporte bien des explications, vous me permettrez de la remettre à la première quinzaine de septembre. J'espère vous montrer alors comment la vigilance de l'homme, jointe à celle de ses coopérateurs ailés, peut ordinairement suffire pour prévenir ou repousser l'invasion de la fausse-teigne, des guêpes, des frelons, de l'araignée, du philanthe, voire même du sphinx atropos, des reptiles et des mammifères apivores.

27 août. — Nous devions reprendre aujourd'hui notre revue de botanique apicole, mais la chaleur persistante et l'absence d'électricité ôtent tout l'intérêt que peuvent avoir les fleurs au point de vue de l'apiculture. Aussi voyez-vous très-peu d'abeilles quitter leurs ruches pour aller explorer la campagne. Soulevez les essaims, et vous pourrez constater que non-seulement ils n'ont rien amassé, mais qu'ils ont même perdu beaucoup depuis un mois. Je crois que vous ferez bien de réunir leur population à celle des ruches-mères affaiblies, car les fleurs vont toujours diminuant, et la miellée est faible à la fin de l'été. Vous comptez peut-être sur les bruyères et les sarrasins ? Votre espérance sera déçue : je viens de m'assurer que les abeilles ne trouvaient guère que du pollen sur les bruyères des environs de Pontigny et de Seignelay ; celles de la forêt d'Othe et du Gâtinais ne doivent pas mieux valoir. Seuls, les sarrasins

du Morvand donnent encore un peu de miel. Il est vrai qu'il peut y avoir des contrées plus favorisées, puisque les conditions d'électricité et d'humidité de l'air ou du sol, varient d'un village à un autre. Au mois prochain, vous saurez à quoi vous en tenir sur la valeur de ces pacages.

En attendant, je vous conseille de ne plus toucher aux provisions des ruches : le mois de septembre vous dira si vous devez secourir celles que vous avez trop largement expropriées.

Septembre *1873.*

Septembre ne se présente pas, cette année, avec sa gaîté habituelle : il a perdu sa couronne de pampre, et sa corne d'Amalthée est vide de fruits. Le passage de l'été à l'automne sera donc empreint d'une sombre tristesse. Cérès n'a donné que des épis à moitié brûlés par le soleil, et voilà Pomone qui nous montre sa corbeille renversée. Peu de blé, point de vin, point de fruits! Tel est le bilan de la récolte de cette année néfaste.

Décidément le nombre *treize* est de mauvais augure ; cette fois, il nous amène une disette qui touche de bien près à la famine.

Nos abeilles auront-elles le même sort? Sans avoir pour elles d'aussi tristes appréhensions, je dois bien en rabattre de mes heureuses conjectures, puisque la sécheresse continue, et que la miellée végétale fait complétement défaut. Aussi la plupart des essaims sont-ils à bout de provisions. Il n'y a d'exception que pour ceux qui ont été logés dans des ruches garnies de cire ; les autres réclament de nous un large supplément de nourriture. Avant de nous rendre à leurs désirs, il faut savoir si la campagne ne leur offrirait pas encore de tardives ressources. Nous allons donc apprécier d'une manière générale l'état de la flore apicole, puis nous reviendrons au rucher pour passer en revue toutes les colonies, et aviser au moyen de sauver les nécessiteuses.

Le catalogue des fleurs de la saison sera bientôt dressé. Ici, les abeilles ne trouvent guère à butiner que sur les résédas, les séneçons, les verveines, les liserons, les asters, et sur quelques fleurs cultivées pour l'agrément. Il y a bien aussi quelques regains de prairies artificielles, mais les fleurs en sont si chétives qu'elles ne méritent pas d'entrer en ligne de compte.

Les apiers placés près des bois sont mieux partagés : les bruyères, rafraîchies par une pluie d'orage, leur fournissent du miel et du pollen. Mais pour retrouver l'abondance et la fertilité des pacages de l'arrière-saison, il faut aller dans le Morvand, où le sarrasin donne ses dernières fleurs, en même temps que les bruyères étalent toutes leurs richesses. C'est fort heureux pour les abeilles de cette froide contrée, qui en profiteront pour faire leurs provisions d'hiver.

Il est à remarquer, du reste, que même dans la région granitique l'exsudation mellifère varie avec les expositions et les climats. Nous avons précédemment assigné les causes probables de cette différence. Les autres régions ont aussi leurs bruyères, dont les rendements laissent beaucoup à désirer. Celles des environs de Pontigny et de Seignelay ne donnent que bien peu de miel; celles du Sénonais et du Gâtinais ne valent pas mieux. Les apiculteurs de ces diverses contrées auront à enregistrer bien des déceptions : généralement il y a absence de miellée végétale. D'où nous devons conclure que les ruches n'ont plus à compter sur les dernières fleurs. Dès maintenant, nous pouvons dire que le sort des essaims de l'année est compromis : on aura peine à en sauver quelques-uns, même en les nourrissant, puisque leur travail en cire est très-peu avancé. Nous allons nous en convaincre en allant visiter le rucher.

10 Septembre. — Je crois avoir été prudent en vous conseillant de modérer et même d'interrompre la cueillette du miel. Voyez cette ruche à divisions horizontales et verticales, qui nous promettait une si belle récolte. En la soulevant, vous pouvez constater qu'elle a beaucoup perdu de son poids ; et à travers les vitres, vous apercevez plusieurs magasins dont les rayons n'ont presque plus de miel. Cette ruche est très-abondamment pourvue, j'en conviens, mais il y aurait témérité à récolter un des magasins qui excitaient votre convoitise, lors de notre dernière enquête. Il faut éviter de faire ici un vide qui occasionnerait un courant d'air, ou qui rendrait difficile le maintien de la chaleur au sommet de la ruche. D'ailleurs, cette colonie est bien constituée, elle a une mère féconde : je n'en veux pas d'autre preuve que ces nombreuses pelottes de pollen apportées par les butineuses.

Grâce aux orages de ces derniers jours, les plantes ont retrouvé un peu de fraîcheur, et les abeilles se hâtent de recueillir le pollen sur les fleurs épanouies. Cette circonstance rendra notre investigation plus facile ; elle nous dispensera de soulever et de renverser les ruches, pour juger de la présence ou de la fécondité de la mère-abeille : faits très-importants à constater, puisqu'une ruche orpheline peut devenir la proie de ses ennemis.

Vous allez donc faire la visite générale de l'apier suivant les principes que je vous ai indiqués, c'est-à-dire que vous noterez toutes les ruches dont les abeilles sont inactives, afin de chercher à vous rendre compte de l'état de leur couvain et de leurs provisions. Commencez par les ruches-mères qui, pour la plupart, sont dans les meilleures conditions. Vous en avez noté six qui réclament un examen plus minutieux. Quant aux essaims, à part une dizaine qui ont été logés dans des ruches munies de cire, ils sont tous faibles ou nécessiteux.

Cet examen terminé, nous allons aviser au moyen de remédier au mal. Vous avez remarqué des colonies anciennes qui sont nonchalantes : leur inertie annonce la disette ou la désorganisation. Vous les fortifierez par le mélange des provisions et des populations.

Soulevez cette ruche villageoise de forme ovale, dont la capacité est d'environ trente-cinq litres. Les rayons de cire descendent jusque sur le tablier. Ce qui manque chez elle, ce n'est pas le miel, ce sont les ouvrières. Vous savez qu'au printemps elle n'avait que fort peu de couvain ; il est probable qu'elle avait alors une mère invalide, et que cette mère est maintenant stérile, puisque la récolte du pollen a cessé, et que les abeilles paraissent découragées. Si cette ruche était vieille et le travail intérieur défectueux, vous la sacrifieriez ; mais le logement est neuf et la cire vermeille. Vous allez donc assurer son sort en lui donnant pour habitants deux petits essaims à bout de provisions, et auxquels vous paierez la bienvenue en leur offrant ce soir même un kilogramme de miel liquide. Cette libéralité suffira pour le moment ; vous verrez, après l'hiver, s'il y a lieu de la renouveler.

La seconde ruche que vous avez notée, est de forme normande à calotte ou magasin de miel. Enfumez et inspectez ses rayons : vous ne trouvez pas de couvain, et cependant la ruche est pesante. Le corps de ruche ou compartiment inférieur est garni de vieille cire dont la moitié est remplie de miel, sans compter le magasin avec lequel elle communique par une ouverture de huit centimètres. Vous pourriez récolter tout ce butin : je vous conseille d'agir autrement. Vous avez un essaim logé dans une ruche normande dont le compartiment inférieur est rempli de cire, avec une forte population, tandis que le magasin est vide. Remplacez-le par cette calotte qui renferme cinq kilogrammes de miel, et vous récolterez le reste du butin de la vieille ruche, après en avoir chassé les abeilles que vous réunirez à celles de l'essaim. Cet essaim étant ainsi doublement enrichi, aura tout ce qu'il faut pour prospérer et donner du miel et une colonie nouvelle. Outre ces bonnes espérances, cette opération vous procure dès maintenant cinq ou six kilogrammes de miel. Je vous engage à la répéter sur trois ruches de même forme ; ainsi vous assurerez le sort de six essaims, tout en renouvelant les bâtisses de vieille cire.

Quant à ces deux ruches de même calibre, dont l'une a beaucoup d'abeilles, sans avoir ses vivres assurés, tandisque l'autre regorge de provisions, avec une population faible, voici la combinaison qu'elles réclament et qui est facilitée par leur mécanisme. Vous prenez la ruche pleine de miel et vous la posez comme magasin sur la ruche très-peuplée, au sommet de laquelle vous aurez ouvert la porte de communication. Dans quelques jours, vous fermerez l'entrée de la ruche inférieure, et le mélange des colonies s'opèrera sans difficulté. Au printemps prochain, vous ferez de la ruche inférieure, garnie de rayons vides, un magasin que vous superposerez à la case supérieure ou bien à une autre ruche de même calibre. Cette substitution vous vaudra une bonne récolte de miel et un essaim, si l'année est favorable.

Vous pouvez soumettre au même traitement ces deux ruches carrées que vous superposerez à celles de leurs essaims. Pour ce qui est des colonies nouvelles logées dans les ruches villageoises, voyez quelles sont leurs ressources : si elles ne vous paraissent pas suffisantes pour arriver au printemps, donnez-leur dès maintenant un supplément de nourriture. Quelques-unes n'ont que très-peu de cire et de miel ; ce serait peine perdue de les nourrir : il faut les chasser et les réunir aux ruches-mères épuisées par l'âge ou l'essaimage.

24 Septembre. — Nous avons eu une pluie légère qui a rafraîchi l'air et donné aux plantes une nouvelle sève. Quelques fleurs se sont épanouies, mais elles sont généralement dépourvues de sucs mellifères. Les abeilles vont cependant les visiter et leur demander un peu de pollen.

Outre son pollen rouge, le regain des maillons leur fournit encore un peu de miel ; il en est de même des résédas, des asters, des séneçons, des chrysanthèmes et des verveines ; mais ces chétifs pacages ne sauraient compenser la consommation occasionnée par une activité intempestive.

Les abeilles feraient donc bien de prendre dès aujourd'hui leurs quartiers d'hiver, imitant la prévoyance des hirondelles, qui se rassemblent sur les toits voisins du rucher. Leur gazouillement me semble un acte de reconnaissance adressé au soleil levant, qui vient réchauffer leurs membres engourdis par la fraîcheur de la nuit.

Avant leur départ, elles font de rapides évolutions sous les saules et les aunes qui ombragent la rivière et le ruisseau. Elles s'y repaissent de moucherons et d'autres petits insectes ; puis, leur repas terminé, je les vois s'élever dans les airs et prendre la direction du midi ; mais je crois remarquer chez elles de l'indécision et des regrets : elles avancent de quelques centaines de mètres et reviennent, comme pour saluer encore une fois le toit qui leur fut hospitalier. Peut-être aussi entrevoient-elles de belles journées d'automne, qui pourraient les dédommager des rigueurs du printemps. Quoi qu'il en soit de leurs sentiments, après des cris confus que je prends pour leur dernier adieu ou le signal définitif du départ, elles se concentrent et s'éloignent rapidement. Je les suis de l'œil, l'âme pleine de mélancolie, leur souhaitant une heureuse traversée, une hospitalité affectueuse sur la terre lointaine de l'exil, en attendant qu'elles nous reviennent avec le printemps.

Qui de nous ou d'elles manquera au rendez-vous ?

*Octobre **1873**.*

Octobre sourit de loin aux viticulteurs : il vient ordinairement avec le bruit des tonneaux et les chants grivois. C'est ainsi qu'il donne à nos contrées une certaine animation, qui surprend le voyageur étranger à nos mœurs bourguignonnes.

Si l'on veut avoir le diapason de cette expansion bruyante, souvent mélangée d'ivresse, il faut interroger les abeilles.

Leur bourdonnement accompagne toujours les joyeux refrains en l'honneur de Bacchus. Elles aiment à voltiger autour de la cuve foulée par le vendangeur ; et quand le moût contient abondamment le principe sucré qui, mis en fermentation, doit donner une plus ou moins grande vinosité au jus de la treille, les visites de l'abeille sont plus assidues, et leur activité, sans être dangereuse, devient quelquefois importune. Mais, hélas ! trop souvent nous en sommes réduits à regretter cette importunité de l'abeille. Aujourd'hui, elle reste dans sa ruche, morne et silencieuse, et le vigneron, plein de mélancolie, remplit sans les fouler de rares tonneaux !

Les chasseurs eux-mêmes se plaignent de cette année complétement néfaste, qui n'offre que très-peu de lièvres et de perdreaux à leurs balles meurtrières.

Si je quitte les vignobles pour suivre l'abeille dans les vallons et sur les plateaux boisés, je trouve partout la même stérilité. Dans nos prairies, je vois bien le colchique ou la veillotte étalant son éblouissante corolle sur un frais tapis de verdure ; mais c'est là un calice vide de sucs et de parfums, qui n'excite guère la convoitise de nos abeilles : elles le dédaignent pour s'en aller en foule butiner le miel et le pollen sur les sénevés, *sinapis alba*, cultivés pour engraisser les terres ou le bétail.

Chaque année, avant la chute des feuilles, il me plaît de visiter ces bois qui, au printemps, offrent tant de ressources aux abeilles. Eh bien ! là encore je dois m'attendre à de tristes déceptions. Au lieu de cette riante verdure et de ces riches pacages qui faisaient naître tant d'espérances, que voyons-nous ? des feuilles jaunâtres qui, comme les cheveux blancs, annoncent la caducité. Encore quelques jours, et ces feuilles flétries vont joncher le sol, étendant un triste linceul sur la terre qui les a nourries !

Je cherche en vain ces petits musiciens ailés dont les chants s'harmonisaient si bien, au mois de juin, avec la variété et la splendeur des paysages : ils ont émigré quelques jours avant les hirondelles, prévoyant sans doute de précoces frimas. Seuls, le merle, la grive et le sansonnet viennent, avec leurs chants animés et flûtés, prêter encore quelque charme à la solitude de la forêt ; mais leurs notes joyeuses contrastent singulièrement avec le déclin de la végétation, qui trouverait bien mieux son expression dans le ramage aigre et monotone de la pie, du geai et de la corneille. On serait, en effet, tenté de prendre le chant de ces oiseaux pour un glas funèbre, quand on voit la nature revêtir ses habits de deuil.

Pour me distraire de ce mélancolique tableau, il me prend fantaisie de revoir le rocher couvert de lierre dont la crevasse offrit jadis un asile à un essaim d'abeilles. Arrivé à une quinzaine de mètres, j'entends un bourdonnement qui me fait croire à la présence d'une nouvelle colonie. Une inspection plus attentive me donne la certitude que la roche n'est plus habitée, et que le bruit qui m'avait fait illusion, provenait d'abeilles picorant sur le lierre en fleur.

D'où venaient ces butineuses ? Je voulus le savoir. Or, voici comment je les forçai à me délivrer leur certificat de domicile. J'en enfermai un certain nombre dans une cellule formée à la hâte avec les replis de mon journal ; puis, m'éloignant de quelques centaines de mètres, je donnai la liberté aux recluses impatientes. S'élever dans les airs, y décrire de rapides circuits comme pour s'orienter, fut pour elles l'affaire de quelques secondes, et je les vis aussitôt s'élancer dans la direction du hameau des Bouchets, distant d'un kilomètre. J'en conclus que la fleur du lierre est un excellent pacage pour les abeilles, puisqu'elles semblent la préférer à la fleur des sénevés placés à proximité de leur ruche.

Quoi qu'il en soit, nous sommes arrivés à une époque de l'année où nos mouches à miel n'ont plus à espérer qu'un bien maigre butin. S'il est encore des végétaux qui, comme le lierre, respirent, se nourrissent et arrivent à la maturité de leurs graines ou de leurs fruits, on peut dire qu'ils sont très-rares. Quant aux sénevés cultivés en arrière-saison, il s'en faut bien que leurs fleurs d'automne soient aussi fertiles en sucs mellifères que celles du printemps et de l'été. Il manque quelque chose aux éléments qui leur sont fournis par l'air, et les conditions de chaleur et d'électricité sont si défectueuses et si inconstantes, qu'elles sont impuissantes à produire l'exsudation mellifère. Que dis-je ? le pollen lui-même n'a plus la même abondance ou la même vertu que dans la bonne saison. Les abeilles, il est vrai, le recherchent encore ; mais après de minutieuses perquisitions, elles reviennent avec des charges incomplètes. Le repos est donc désormais ce qu'il y a de meilleur pour elles. Laissez-les, toutefois, suivre leur instinct. Je vous engage même à le favoriser, en faisant quelques visites au rucher dans le but d'alimenter les colonies pauvres, et de leur donner de bons surtouts pour les protéger contre les pluies de l'automne et les gelées de l'hiver.

Novembre 1873.

3 Novembre. — Novembre vient de nous faire une gracieuse surprise. Ce mois qui s'annonce presque toujours par la pluie, le grésil ou la tempête, a débuté, cette année, par un soleil radieux et une douce température, qui a permis aux fleurs d'automne de s'épanouir encore une fois pour transformer en parterre le séjour de la Mort.

Je ne connais pas de plus émouvant spectacle que celui de toute une paroisse accourant au cimetière, appelée par la religion, la piété filiale et la reconnaissance. Là, je trouve beaucoup de larmes mêlées à beaucoup de sanglots. Mais au milieu du deuil général, j'aperçois l'Espérance montrant aux cœurs désolés l'immortalité avec l'éternité des récompenses, sous le suave emblème des fleurs et des arbres toujours verts. Tout est aujourd'hui pour le mieux, puisque la végétation vient de se ranimer afin de nous aider à payer à nos morts un religieux tribut, et à donner une expression plus parfaite au symbolisme chrétien. Que dis-je? Pour que rien ne manque à l'allégorie, les abeilles sont venues hier unir leur bourdonnement à la voix plaintive de la prière et aux accents de la douleur!

Que d'autres taxent d'irrespectueuse rapacité ces insectes qui s'en viennent butiner jusque sur les fleurs des tombeaux. Pour moi, j'innocente facilement une action qui est moins une rapine qu'un utile enseignement. Elle me fait interpréter la pensée des anciens poëtes, qui nous montrent un essaim d'abeilles s'échappant du sein d'un cadavre en dissolution. Ce tableau de l'insecte mellifère picorant dans nos cimetières sur la fleur de la pensée multicolore, du thlaspi blanc et du réséda odorant, a une vérité et une fraîcheur de peinture qui laissent bien loin derrière elles le vague mysticisme de la poésie antique. L'abeille, pour nous, est la figure de l'âme qui s'envole de la terre, emportant avec elle la fleur et le parfum des vertus, gage de la bienheureuse immortalité.

Mais, que fais-je ici? Je m'égare, je me laisse entraîner loin de l'apier, à la suite de l'abeille et de mes pieux souvenirs. Je reviens à mon sujet: la botanique apicole, les fleurs et les abeilles, et c'est pour leur dire adieu, car les fleurs de novembre sont le dernier effort de la végétation agonisante. Dans quelques jours, elle sera couverte de son linceul de neige; mais son sommeil, comme celui du corps humain, aura son réveil, qui sera salué de nouveau par le joyeux bourdonnement de l'abeille.

Aujourd'hui, ce bourdonnement est si général dans le rucher, qu'on se croirait au printemps, tandis qu'on n'est séparé de l'hiver que par l'été de la Saint-Martin.

Je me demande pourquoi cet empressement à sortir de la ruche, quand les arbres ont perdu leur manteau de verdure, et quand, au lieu de fleurs, la terre est jonchée de feuilles jaunâtres? Voici le secret de cette gymnastique effrénée des abeilles. Nées pour une continuelle activité, la réclusion leur est, aussi nuisible que désagréable. Elles sentent le besoin d'assouplir leurs membres engourdis par un repos forcé, et de rétablir ou de faciliter les fonctions digestives. Aussi, comme elles profitent des beaux jours de l'automne pour s'en donner à cœur joie ! Voyez-les aujourd'hui volant et tourbillonnant, semblable aux colonies qui se préparent à l'essaimage.

Je suis loin de blâmer ou de contrarier cet instinct naturel. Cependant, pour que ces excursions soient utiles, il ne faut pas qu'elles se répètent trop souvent : elles occasionnent une consommation de miel toujours fâcheuse à l'entrée de l'hiver.

Mais je veux montrer que ces évolutions des abeilles n'ont pas pour unique but les exigences de la santé et les précautions hygiéniques : elles tendent surtout à préserver les rayons de la moisissure, et à débarrasser la demeure de toutes sortes d'immondices. C'est donc un va-et-vient continuel d'ouvrières emportant des parcelles de cire, des cadavres d'abeilles et des larves de fausse-teigne, tandis que d'autres font avec leurs ailes l'office de ventilateurs. Je dois aussi faire remarquer ces débris de cire rejetés et entassés devant le tablier de la ruche. Ils proviennent de la voracité de certains pillards, tels que souris, mulots, musaraignes. Pour vous en convaincre, secouez ce paillasson qui, sans doute, sert de repaire à l'ennemi. Effectivement, le paillasson soulevé, vous voyez fuir un petit mammifère jaunâtre que vous pourriez écraser facilement. Mais il en est d'autres qui ont leurs galeries souterraines où ils attendent, pour envahir les rayons, qu'un froid rigoureux ait paralysé l'activité des abeilles. Lorsque celles-ci sont groupées sur le devant de la ruche, lorsqu'elles sont réduites à une sorte de torpeur, ce rongeur s'approche des magasins de miel dont il est très-friand, et, là, il avise au moyen de se protéger contre le froid et le dard empoisonné. Dans cette intention, avec des débris de paille et de feuilles désséchées, il se construit un petit nid mollet dans la brèche qu'il a pratiquée à l'intérieur des rayons, et ainsi il peut se reposer en sécurité au milieu de son grenier d'abondance et braver la rigueur de l'hiver, puisque les abeilles sont réduites à lui servir de calorifère.

On sait que ce mammifère était très-commun au printemps dernier ; ce fut un véritable fléau non-seulement pour les ruchers, mais encore pour les céréales et les prairies artificielles, qu'il dévora impunément.

Comment ce dangereux ennemi de nos récoltes a-t-il pu se multiplier? comment a-t-il pu disparaître en quelques mois ? C'est là un double problème que je n'ai pas la prétention de résoudre.

Quoi qu'il en soit, l'apiculteur ne doit pas s'endormir dans une trompeuse sécurité, l'ennemi n'est pas entièrement détruit, il attend le froid pour attaquer le rucher ; il faut donc tâcher de l'anéantir au plus tôt. On y réussira au moyen des souricières et d'un appât mélangé de phosphore.

Décembre *1873*.

15 Décembre. — Décembre est sans contredit le mois le plus triste pour les abeilles. La première quinzaine de novembre leur donne souvent une température printanière, et les derniers jours de janvier voient quelquefois éclore les fleurs des pêchers et des amandiers. En guise de fleurs, décembre se couronne de givre et de frimas. Cette année, il semble vouloir ajouter encore à sa tristesse habituelle. Tantôt il nous enveloppe de brouillards ne nous laissant qu'un jour douteux, qui ferait croire à un perpétuel crépuscule ; tantôt il vient avec une gelée intense qui s'arrête subitement pour faire place à une pluie légère ou bien à des brumes épaisses. Les abeilles ont donc bien fait de profiter de l'été de la Saint-Martin. Je doute qu'elles puissent une seule fois quitter leur ruche avant le mois de janvier.

Aussi bien avez-vous dû prendre vos précautions pour échapper aux effets de cette réclusion prolongée. Grâce à

vos soins, vos colonies ont leurs vivres assurés, et elles
sont à l'abri de la visite importune des rongeurs et des
apivores de toute sorte. A l'encontre de ces apiculteurs
méticuleux qui craignent toujours de voir leurs abeilles
mourir de froid, vous avez laissé à vos ruches une entrée
de plusieurs centimètres de longueur sur un centimètre de
hauteur. Cette porte, munie d'une grille, favorise la ventilation, et n'empêche pas les populations doublées d'entretenir facilement la température normale. Je ne redoute
pour elles qu'un seul inconvénient, celui de la vapeur
condensée coulant le long des parois de la ruche, et venant
se congeler à l'entrée, de façon à intercepter l'air et à as-
phixier les abeilles. L'apier aura donc encore besoin de
votre vigilance, surtout au moment des neiges et des fortes
gelées.

Avant de clore ce petit Journal, vous attendez, ami
lecteur, que je vous présente une appréciation générale de
nos rendements apicoles des trois dernières années. Je
n'ai besoin pour cela que de mettre sous vos yeux le tableau
de l'importation et de l'exportation du miel et de la cire.
Ce coup d'œil rétrospectif vous donnera une idée des vicissitudes de notre apiculture. Mais pour ne pas laisser égarer le jugement, il faudra bien tenir compte de la consommation locale qui va toujours croissant, et qui par conséquent ne livre pas au commerce des produits en rapport
avec le progrès apicole.

IMPORTATIONS ET EXPORTATIONS DES PRODUITS DES ABEILLES
EN 1870-1871-1872.

*Extrait du Tableau général du Commerce de la France,
avec quelques réflexions, par M. H. Hamet.*

Avant 1870, pendant une dizaine d'années, l'excédant des exportations sur les importations des produits des abeilles, montait annuellement à un million ou deux de francs que notre apiculture prospère fournissait à l'Étranger. Depuis la guerre désastreuse de 1870, qui a diminué sensiblement le nombre de nos ruches dans plus de trente départements, ces chiffres ont quelque peu changé, et, comme avant 1860, l'importation excède l'exportation en ce qui concerne les cires; mais l'exportation du miel passe l'importation, quoique le Chili afflue au Havre. Toutefois, les chiffres qui concernent les cires, peuvent être modifiés, car le résumé du *Tableau général du commerce de la France* ne donne pas les cires ouvrées, et l'on sait que notre exportation de ces dernières est plus grande que l'importation.

Miel importé en France.

1872. —	509,900 kil.	Valeur	206,640 fr.
1871. —	612,500 —	—	552,000 fr.
1870. —	574,487 —	—	699,980 fr.

Miel exporté hors de France.

1872. —	1,159,274 kil.	Valeur	996,140 fr.
1871. —	922,523 —	—	915,046 fr.
1870. —	796,912 —	—	585,559 fr.

Cire non ouvrée, jaune, brune ou blanche importée.

1872. —	1,098,800 kil.	Valeur	3,413,340 fr.

1871. — 824,700 kil.   Valeur   3,129,120 fr.
1870. — 1,074,085 —   —   2,342,115 fr.

Cire non ouvrée exportée.

1872. — 524,378 kil.   Valeur   1,179,570 fr.
1871. — 452,908 —   —   899,026 fr.
1870. — 687,798 —   —   928,890 fr.

Les importations de cire se sont faites en 1872, de l'Angleterre et des colonies anglaises, pour 263,500 kilogrammes ; de Haïti, pour 80,300 kil. ; de l'Algérie, pour 94,600 kil. ; d'autres pays, pour 660,400 kil. La plupart des cires apportées par l'Angleterre proviennent d'Amérique.

En consultant les importations et les exportations de 1868, on trouve une différence de 926,826 fr. de cire ouvrée et non ouvrée *exportée ;* tandis qu'en 1872 on trouve une différence de 574.422 fr. de cire *importée.*—La différence du miel exporté sur l'importé montait en 1868, à 363,974 fr. Elle est en 1872, de 789,500 fr.

On voit par ce tableau et par ce que nous avons dit précédemment, que notre apiculture n'est pas stationnaire ni retardataire, comme l'ont publié certains agronomes. Si nous sommes encore tributaires de l'Étranger en ce qui concerne le miel et la cire, c'est pour une somme relativement minime ; et si l'on veut tenir compte des exportations de cire ouvrée et de liqueurs ou vins *dits* étrangers fabriqués avec nos miels, on demeurera convaincu que nos produits apicoles entrent pour une somme assez importante dans nos exportations.

Je veux tenir ma promesse : je termine cette statistique par l'histoire d'un Ermite devenu malgré lui cultivateur d'abeilles.

V.

LES ABEILLES A L'ERMITAGE DE RAVEREAU.

J'étais un jour assis au foyer d'une humble chaumière, quand ma curiosité fut éveillée par un objet qui avait un air de religieuse antiquité. J'aurais en vain cherché à m'en expliquer le caractère et la provenance, sans l'intervention d'un bon vieillard qui avait deviné ma pensée. Il m'apprit que j'avais sous les yeux un pieux héritage de son père, le prie-Dieu de l'Ermite de Ravereau; de plus, il me raconta tout ce qu'il savait sur la vie de ce saint religieux. Mais comme il y avait bien des lacunes dans son récit, je dus le compléter en puisant dans les souvenirs de plusieurs vieillards octogénaires. Le dirai-je? j'ai recueilli dans ces répertoires vivants, des traits sublimes de dévouement charitable, qui seraient à leur place dans un livre de morale. Il m'a semblé, toutefois, que les abeilles jouaient un assez beau rôle dans cette vie d'ermite, pour m'autoriser à la raconter ici, au risque de déplaire à certains apiculteurs trop exclusifs.

Chaque époque a ses misères. On sait qu'au dernier siècle la licence des mœurs appela celle des doctrines pour troubler les âmes, avant de bouleverser la société. C'est au milieu de ce travail de démoralisation, vers le milieu du dix-huitième siècle, qu'un jeune homme appartenant, dit-on, à une excellente famille, se laissa entraîner à tous les excès du luxe et des plaisirs. Les agréments extérieurs de sa personne et les qualités de son esprit lui promettaient les applaudissements du monde. Il réussit, en effet, dans le début, grâce à sa prodigalité, qui lui valut des protections vénales. Mais, hélas ! il ne s'éleva que pour tomber de plus haut dans la plus profonde misère. Des revers de fortune lui firent perdre du même coup et les amitiés intéressées et l'espoir d'une brillante alliance. L'épreuve fut si terrible qu'il ne crut pas devoir survivre à la ruine de ses biens et de ses affections....

Il en était là, indécis sur le choix de l'instrument fatal, délibérant entre le poignard et le poison, quand la Religion vint éclairer son âme, et lui montrer le devoir et le bonheur dans le détachement religieux et dans un dévouement sans bornes au soulagement de la souffrance.

En ces temps de foi, la parole sainte ne tombait pas comme aujourd'hui dans le désert. Abattu par les déceptions et les revers, le jeune homme se releva fortifié par une pensée de foi et d'espérance ; et la Religion, après avoir pacifié son âme, lui imposa le nom de Paul, afin de mettre comme un voile sur le nom de famille qu'il avait humilié ; puis, elle jeta sur ses épaules la bure du Tiers-Ordre de Saint-François, et lui donna un règlement de vie. — Maintenant, suivons Frère Paul à la recherche de la solitude qui doit le dérober au bruit et aux séductions du monde.

Au siècle dernier, les régions montueuses et boisées du département de l'Yonne n'étaient pas, comme de nos jours, sillonnées de routes, de canaux et de chemins de fer, qui amènent jusque dans les plus humbles villages les mœurs et le tumulte des cités. Il faut donc se reporter à une époque déjà bien loin de nous, pour avoir la raison de la préférence accordée par Frère Paul à une contrée qui, aujourd'hui, n'a plus de solitude.

Si donc, reculant de cent ans, nous partons de Mailly-la-Ville pour nous rendre aux roches du Saussois, nous trouverons, sur la rive gauche de l'Yonne, des galeries souterraines creusées par la main des hommes ; puis des friches tapissées de serpolet et d'autres plantes odoriférantes ; puis un moulin adossé aux escarpements de la montagne, dont le pied est arrosé par la fontaine du Parc. Mais, arrivés en face des rochers pittoresques de Mailly-le-Château, nous sommes arrêtés par la rivière qui paraît indécise. Après s'être repliée sur elle-même, elle nous fait quitter la direction du couchant pour celle du midi, où mille surprises nous attendent. On dirait que la nature veut produire ici tous ses décors et multiplier les contrastes. D'un côté, la rivière et la prairie ; de l'autre, les bois et les rochers ; ici, la plus riche végétation côtoyant le désert ; là, des peupliers superbes semblant défier les plus hauts sommets des rochers; et, de toutes parts, dans les entrailles de la terre, comme à sa surface, le règne minéral présentant les traces indélébiles d'un ancien et violent cataclysme.

Tel est l'ensemble de ce spectacle grandiose, qui élève l'âme et la dispose à la vie contemplative, en la retenant dans une sphère inaccessible à tous les bruits du monde. Aussi bien est-ce dans le flanc entr'ouvert du plus reculé de ces rochers que Frère Paul est venu chercher le silence et la paix de la solitude. Pour retrouver les vestiges de ses pas, nous devons quitter la rivière et suivre un ravin qui monte entre deux collines, dans la direction des Bouchets. Tout d'abord, deux roches à pic s'offrent à nous sur la gauche, mais ce ne sont là que des jalons indicateurs. Sans nous laisser attirer par l'une d'elles, qui nous montre un péristyle couronné de lierre, nous avançons toujours, et après quelques centaines de mètres, nous nous trouvons en face d'un rocher qui descend sur le ravin. Déjà, dans la partie qui fait avant corps, nous distinguons une ouverture parfaitement alignée et taillée dans le roc ; nous avons hâte d'y arriver par un étroit sentier et un escalier formé naturellement par les aspérités du rocher.

Nous voilà donc introduits par la porte du sud-ouest, ayant en face de nous, à l'intérieur de la grotte, une autre porte et un couloir sombre dont nous indiquerons plus loin la destination. Décrivons d'abord la cellule et le mobilier de l'Ermite ; nous parlerons ensuite de son genre de vie.

La grotte présente un carré parfait, ayant six mètres de côté sur quatre mètres d'élévation. A la faveur de la lumière qui nous vient du midi par une petite fenêtre, nous apercevons un prie-Dieu en chêne et une commode en noyer ; en face, un meuble à plusieurs compartiments, vrai bijou de marqueterie, porté sur deux colonnes cannelées ; au fond de la pièce, un grabat et, dans un coin, deux ou trois corbeilles de clématite, qui seront plus tard utilisées d'une façon inattendue. Continuons notre visite Au-dessous de l'accoudoir du prie-Dieu, une porte s'ouvre qui laisse à découvert plusieurs livres de piété rangés sur deux rayons, tandis que les instruments de pénitence sont cachés sous la planche qui sert à s'agenouiller

La sévérité religieuse de ces divers objets contraste singulièrement avec l'élégance toute mondaine du riche nécessaire, autrefois destiné aux parfums et autres accessoires de toilette. Je me figure qu'il y a là une pieuse intention. Ce délicieux objet de marqueterie, placé en face d'un humble prie-Dieu sous l'énorme crevasse d'un rocher atteint par la foudre, ne vient-il pas comme un accusateur qui, témoignant des exagérations du luxe, appelle sans cesse les austérités de la pénitence ? Cette explication, un peu trop mystique peut-être, ne fut pas du goût de mon compagnon de voyage, un aimable touriste qui, se plaçant au point de vue de l'artiste, ne voulut voir dans l'Ermite de Ravereau qu'une imagination exaltée par l'amour des contrastes. Ces contrastes, il les retrouve partout, dans les sites, dans l'ameublement, dans les objets de piété et jusque dans les instruments de pénitence. J'admire son génie inventif, mais cet idéal ne saurait tenir devant la réalité des faits ; et pour prouver que la vie tout entière de l'Ermite nous révèle un dévouement religieux et charitable porté jusqu'à l'héroïsme, je n'ai besoin que d'évoquer les souvenirs des vieillards ses contemporains.

Ils nous le montrent observant une demi-clôture pendant plusieurs années, recevant de la ferme de Ravereau le pain et les légumes qui suffisent à ses besoins, et partageant son temps entre la méditation, la visite des églises et le travail des mains, travail consacré en partie à tailler les portes et les parois de sa cellule. Puis, quand la contemplation et la pénitence eurent cicatrisé les blessures de son cœur, on le vit quitter sa cellule, sous l'inspiration de la charité, et donner presque tout son temps aux petits enfants, aux pauvres, aux infirmes et aux moribonds. Un de ses rendez-vous favoris était la place de Mailly-la-Ville appelée le *Champ-perreux*. Il n'avait besoin d'aucun signal pour réunir son cher auditoire : le premier enfant qui l'avait aperçu, se mettait à crier : Frère Paul ! Frère Paul ! et aussitôt tous les enfants d'accourir en battant des mains, et répétant : « Frère Paul ! Frère Paul ! » En un clin d'œil il se formait une couronne de jeunes fronts radieux, et tous les regards étaient suspendus aux lèvres du bon religieux, qui donnait les premiers principes de l'enseignement sacré ; puis venait la récitation des prières, et la distribution des médailles et des images pieuses.

Mais la mission de Frère Paul n'embrassait pas seulement le premier âge, elle touchait, pour les adoucir, à toutes les amertumes de la vie. Quand la mort avait passé dans une pauvre chaumière, y laissant une veuve et des orphelins, la visite compatissante du prêtre était suivie de celle de l'Ermite, qui, lui aussi, modérait la douleur et essuyait les larmes, en montrant la bienheureuse réunion du ciel venant après les cruelles séparations de la terre.

Et quand le dénûment se joignait aux déchirements de cœur, quand le travail de l'orphelin ne suffisait pas à remplacer celui d'un pauvre défunt, bien souvent on vit le bras vigoureux de l'Ermite s'essayer au maniement de l'instrument de labour ; et la récolte du champ ou de la vigne prouvait que Dieu bénissait le zèle du cultivateur novice.

Frère Paul faisait mieux encore : non content de soulager la misère et de consoler la douleur, il s'efforçait de prévenir le deuil, en arrêtant les pas de la mort. Connaissant les propriétés curatives des simples de la contrée, il savait aussi les appliquer ; et les pauvres, qui avaient plus d'une fois expérimenté sa science médicale, ne voulaient plus d'autre médecin. Mais, faut-il le dire ? la charité de l'Ermite regrettait souvent d'avoir pour sœur la pauvreté, qui ne lui permettait pas d'allier la douceur du miel à l'amertume du breuvage. Il est vrai qu'il y avait dans son cœur et sur ses lèvres assez de tendresse et d'aménité pour faire taire les plus grandes répugnances, et pour répandre comme un baume sur l'irritation factice souvent appelée pour guérir le mal.

Quoi qu'il en soit, Frère Paul, le soutien et l'infirmier des pauvres, se tenait toujours pour eux en instances auprès de Celui qui donne au lis sa blancheur et la pâture aux petits oiseaux. Or, un jour qu'il s'en revenait d'une mission de charité, l'âme absorbée dans une pieuse méditation, un bruit inaccoutumé éveilla son attention. C'était un essaim d'abeilles qui venait, en bourdonnant, s'abattre sur l'arbre le plus rapproché de sa grotte.

D'où sortaient ces abeilles ? il était difficile de le savoir. Il n'y avait pas de rucher à la ferme voisine ; mais, de tout temps, des essaims se logèrent dans les roches du Saussois. N'était-ce pas une de ces colonies fugitives qui venait se mettre sous la direction de l'Ermite ?

Si Frère Paul avait eu cette pensée, la pauvreté religieuse eût protesté aussi bien que la loi, puisque, en vertu de la coutume locale, l'essaim appartenait comme une épave, au seigneur du domaine sur lequel il s'était posé. Notre Ermite fit donc diligence pour aviser le propriétaire de la grotte. Mais celui-ci déclara nettement qu'il se démettait de ses droits en faveur de la Charité, dont Frère Paul était le représentant ; et pour couper court aux objections venant de la pauvreté religieuse, il ajouta que l'essaim et ses futures colonies seraient un appendice de l'ermitage, et que Frère Paul n'en serait que le gardien et l'administrateur, au nom des pauvres et des malades. Il n'y avait plus rien à répliquer.

Cependant, l'essaim avait été recouvert d'une corbeille de clématite, qui se trouvait sous la main. Bientôt remplie de provisions, cette corbeille dut être superposée à une de même diamètre, préalablement renversée et défoncée à moitié. Les butineuses, on le pense bien, se hâtèrent d'occuper le nouveau compartiment, dont la capacité parut suffisante ; et au printemps suivant, la corbeille supérieure donna une magnifique récolte de miel, sans compter deux forts essaims, qui devinrent le noyau d'un apier florissant.

Frère Paul ayant constaté les avantages de sa ruche improvisée, fabriqua sur le même modèle toutes celles qu'il destinait aux futures colonies, et le succès dépassa son attente. Il faut dire que la flore locale étant très-riche en plantes mellifères, secondait merveilleusement les soins intelligents de l'Ermite.

L'apier avait au nord les bois du Parc ; à l'est, les fleurs du sainfoin dans les champs fertiles des Bouchets ; au midi, les arbres fruitiers du Bois-du-Fourneau (1) ; à l'ouest, la rivière, les prairies, les saules et les peupliers. Disons aussi qu'il y avait à côté de la grotte un emplacement que la nature semblait avoir préparé tout exprès pour

(1) Hameau de Merry-sur-Yonne. Les Bouchets sont des hameaux de Mailly-la-Ville.

les abeilles, protégé par un repli du rocher contre le froid et les autres intempéries.

Frère Paul y installa donc ses essaims, et conçut le projet de mettre sa cellule en communication directe avec l'abeiller. Il y réussit en pratiquant un petit couloir de trois ou quatre mètres qu'il tailla dans le roc. Inutile d'ajouter qu'il fut le fidèle dispensateur des dons de la Providence. A l'aide du miel, il sut corriger l'amertume des toniques et des dépuratifs qu'il administrait aux pauvres malades ; et même il employait, dit-on, le miel pur comme un cautérisant pour certaines plaies, tandis que la cire vierge, additionnée d'huile, venait comme liniment après les vulnéraires tirés de la végétation.

Mais bientôt l'activité des abeilles surpassa celle de la charité, ou pour mieux dire, les besoins de la souffrance. Frère Paul dut alors aviser un autre écoulement pour les produits du rucher de l'ermitage. Quand il n'y avait plus de malades ou d'infirmes, il restait encore des chagrins et des larmes au foyer de la pauvre chaumière. L'Ermite allait s'y asseoir comme un ange consolateur, et sa main discrète savait appuyer sa parole en glissant un rayon de miel à côté du frugal repas des petits orphelins. Faut-il s'étonner, après cela, de l'empressement des enfants à se ranger autour de l'Ermite ! « Frère Paul ! frère Paul ! » Ce cri de ralliement avait l'accent d'une joyeuse et filiale reconnaissance, qui trouvait de l'écho dans le cœur du bon religieux. Pour y répondre, il commandait à son intelligence d'obéir à la charité, en se faisant petite et humble avec les petits enfants ; et sa parole, docile interprète, semblait prendre pour eux la douceur du miel : *Mel et lac sub lingua ejus.*

Parfois aussi, les fruits surabondants de l'apier s'en allaient dans la maison de l'opulent, qui a ses peines et ses douleurs aussi bien que celle du pauvre ; et la modique somme d'argent qui revenait, à titre d'aumône ou de reconnaissance, était fidèlement convertie par l'Ermite soit en remèdes pour les indigents, soit en médailles et en images pieuses destinées à encourager son cher auditoire. En attendant leur emploi, ces divers objets étaient disposés avec ordre dans les trois compartiments de ce chef-d'œuvre d'ébénisterie, dont nous cherchions tout à l'heure à expliquer la présence au milieu de l'ameublement sévère de la grotte. La charité, toujours industrieuse, avait voulu consacrer à la religion et au soulagement de la misère ce qui avait servi à la vanité et au sensualisme. Cette pieuse conversion me plaît ; elle me conduit naturellement à une autre conversion et à la vie intime de l'Ermite. Mais ses austérités, ses oraisons et ses larmes auraient ici le tort de se mettre à la remorque d'une statistique apicole. Je me donnerai donc bien de garde d'exhumer, pour les exposer à une profanation d'un nouveau genre, ces perles de la vie érémitique, déjà recouvertes d'un siècle de sarcasme.

J'aurai peut-être à les défendre plus tard, mais en ce moment, je dois exclure la polémique ; et si l'abeille veut être pour moi un guide ou un emblème, il faut qu'elle vienne ici comme la servante de la Religion, laissant de côté l'aiguillon, pour ne donner que le miel et la cire. Nous avons assez parlé du miel : voyons maintenant comment la cire va favoriser et mettre en évidence une des plus touchantes fonctions de l'Ermite.

La tradition nous montre Frère Paul, plein de zèle pour la maison de Dieu, consacrant la cire de l'apier de l'ermitage soit à rehausser la pompe des cérémonies religieuses, soit à fournir un précieux luminaire aux Confréries et à toutes les dévotions locales.

J'ai retrouvé, dans les bourgades voisines, quelques tronçons de vieux cierges fabriqués par l'Ermite de Ravereau. On les allumait dans les circonstances les plus cri-

tiques et les plus solennelles de la vie, pour appeler une
bénédiction, une grâce de guérison ou de préservation.
Leur lumière brillait quelquefois près du foyer ou du lit
d'un malade, en attendant un autre flambeau, celui de
l'Ermite, qui était le précurseur du prêtre au chevet d'un
moribond. Oui, Frère Paul aimait à lui préparer les voies ;
et quand il avait terminé tous les apprêts, il s'en allait,
comme un diacre zélé, prévenir le ministre des derniers
Sacrements. C'est ainsi qu'il vint appeler M. Masson, curé
de Mailly-la-Ville, pour le conduire, par une nuit sombre,
au Bouchet, hameau voisin de l'ermitage.

Il revendiquait l'honneur de porter le falot allumé devant
le Saint Viatique des mourants, trop heureux d'annoncer
Celui qui apportait la paix dans une maison remplie de
deuil. Son cœur donnait alors libre cours à ses élans de
charité, et ses prières ferventes s'unissaient à celles du
prêtre et de toute une famille éplorée.

Et quand le saint ministère était accompli, quand la Religion avait dit à une âme résignée qu'elle allait partir
pour le ciel, le pasteur, appelé à d'autres fonctions, pouvait s'éloigner sans crainte, la charité vigilante demeu-
rait là, bien représentée par l'Ermite et son gros flambeau
de cire, qui ne devait pas même s'éteindre avec la vie de
l'agonisant. D'abord, Frère Paul, constitué gardien d'une
âme en détresse, s'efforçait d'adoucir pour elle les angoisses
de la mort, l'aidait à articuler ses dernières paroles de foi,
d'espérance et d'amour. Puis, quand la séparation était
consommée, il fermait les yeux du défunt, croisait les bras
sur la poitrine, mettait dans les mains l'image du Christ
et de la Vierge ; et, avant d'envelopper tout le corps d'un
blanc linceul, il lui donnait son religieux baiser d'adieu,
en attendant le baiser plein d'allégresse de la bienheureuse résurrection.

C'était alors seulement qu'il éteignait le cierge des agonisants, pour retourner en toute hâte soit à la Chapelle d'Avigny, soit à son ermitage, où il avait donné rendez-vous aux enfants qu'il devait catéchiser.

Cependant, ses cheveux blancs et quelques infirmités avertissaient Frère Paul de sa fin prochaine; aussi bien s'appliquait-il à lui-même toutes les exhortations qu'il adressait aux malades. La mort ne pouvait donc le surprendre, il l'attendait chaque jour ; et lorsque M. le curé de Merry-sur-Yonne vint lui administrer le céleste Viatique, l'Ermite avait déjà allumé pour lui-même le cierge qui avait éclairé pour tant d'autres le passage du temps à l'éternité.

Il paraît qu'avant de sortir de ce monde, l'âme de Frère Paul se représentait avec effroi les écarts de sa jeunesse. Mais le prêtre leur opposa les prières, les austérités et les larmes de la grotte, tout le bien que l'Ermite avait fait aux enfants et aux membres souffrants de Jésus-Christ. Une grande joie succédant à cette pieuse frayeur, Frère Paul, muni de tous les Sacrements, s'endormit dans le Seigneur avec cette sérénité qu'il avait tant de fois procurée aux pauvres agonisants.

Après que l'âme de l'Ermite fut partie pour le ciel, son corps pour le champ du repos, et ses meubles pour une humble maison de Mailly-la-Ville, les abeilles demeurè-rent seules à côté de la grotte. Mais bientôt un habitant du Bois-du-Fourneau, qui, dans sa jeunesse, avait souvent fréquenté l'ermitage, voulut essayer de mener la vie de Frère Paul, dont il prit même le nom. Il ne portait pas l'habit religieux, mais il s'adonnait aux mêmes exercices de piété, et remplissait exactement les mêmes fonctions que le premier Ermite. Comme lui, il catéchisait les enfants et visitait les malades. Sa ferveur, toutefois, ne fut pas de lon-gue durée ; il se dégoûta de la vie ascétique, et rentra dans le monde, au moment où éclatait la grande Révolution.

La cellule de l'Ermite eut bientôt un nouvel hôte, amené cette fois par la Terreur : c'était l'abbé Dumarest, curé de Merry, qui venait y chercher le calme de la solitude et la sécurité pour sa vie menacée par le tribunal révolutionnaire. Plus tard, quand le danger fut passé, il visitait souvent son cher ermitage, et même il le fit réparer par un ouvrier de Mailly-la-Ville, dont le fils est aujourd'hui octogénaire. Ce que M. Dumarest venait alors demander à la grotte, ce n'était plus la sécurité, mais le détachement de la vie et le secret de la bonne mort.

Plusieurs années après le décès de cet ancien curé de Merry, la grotte et l'abeiller, réduit à quatre ou cinq ruches, furent dévastés par des ouvriers employés à la creusée du canal du Nivernais. Cette déprédation n'empêcha pas un pauvre tisserand de prendre possession de l'ermitage, où il installa son métier. Si son état avait pu s'allier avec le nom et les vertus de l'Ermite, c'eût été pour le mieux : mais de l'Ermite il n'avait que le titre et la pauvreté. Il venait souvent mendier dans les pays voisins, où la charité se montrait pour lui très-généreuse, en mémoire de Frère Paul, l'ami, le soutien, le consolateur, le médecin des pauvres, et le fidèle gardien des agonisants.

Disons-le en passant : il ne fallait rien moins que cet éclat des vertus du premier Ermite pour effacer les souvenirs druidiques qui s'attachaient à la grotte de Ravereau. Il est bien vrai, l'ancienne *Grotte des Fées* s'appelle aujourd'hui la *Grotte de l'Ermite ;* mais j'ai rencontré plusieurs vieillards qui, tout dernièrement encore, me demandaient très- sérieusemant ce qu'étaient devenues les fées qui avaient habité Ravereau avant les ermites ?

C'est donc en vain qu'on a fait disparaître tous les menhirs, autrefois si nombreux dans nos contrées rocheuses et boisées : les traditions des anciens Gaulois s'étaient pour ainsi dire cramponnées à cette grotte, dont la crevasse noircie était regardée comme un soupirail des enfers ! Il fallait, pour les effacer, que la religion suscitât Frère Paul et les autres ermites ; car l'ermitage de Ravereau n'était pas le seul de nos contrées : la montagne de de Crisenon avait le sien, qui se trouvait en face du monastère.

A mi-côte, dans la partie aujourd'hui convertie en carrières, on voyait, au siècle dernier, une modeste cellule entourée de vigne. On y arrivait par un sentier qui prenait naissance tout près d'une petite source, qui coule encore. L'ermitage a disparu : je ne sais rien du rucher, rien de la vie de l'ermite, sinon qu'il était en grande vénération, et qu'on accourait de tous les pays voisins pour le consulter et se recommander à ses prières. De l'abbaye de Crisenon lui venait la nourriture, qui se composait de pain, de fruits et de légumes.

Je pourrais citer encore plusieurs ermites, je veux seulement signaler celui qui édifia la paroisse de Vermenton, et particulièrement le hameau du Val-Saint-Martin, où il catéchisait les enfants et rendait quelques autres services religieux.

On me pardonnera ces digressions sur la vie érémitique : j'ai voulu sauver de l'oubli et du ridicule une pieuse institution aimée et vénérée de nos aïeux. Ce ne sont pas les abeilles qui se plaindront : elles aussi se trouvaient bien à côté de l'ermitage.

Je reviens à Ravereau. Veut-on savoir en quel état est maintenant la cellule de notre Ermite-apiculteur ? Les portes et le carrelage en ont été enlevés, aussi bien que le mur qui la fermait du côté du midi. Il ne reste plus aucune trace du petit four qui servait à préparer le miel et la cire. On voit bien encore le couloir qui va de la grotte à l'emplacement du rucher, mais il n'y a plus d'abeilles. Les ruches ont été dispersées dans les hameaux voisins ; plusieurs de leurs colonies sont allées se loger dans les rochers du Saussois et de Mailly-le-Château, où j'ai vu, il n'y a pas bien longtemps, les derniers restes de leur progéniture. Ces essaims attendent sans doute qu'un autre Frère Paul vienne habiter la grotte de Ravereau, tout disposés à se donner à lui et à travailler, sous sa direction, au soulagement de la misère et de la souffrance. Mais c'est en vain, l'ermite ne vient pas. La foi a perdu son empire sur les âmes, paralysée qu'elle est par les passions et par les funestes doctrines d'une philosophie athée et matérialiste.

De nos jours, quand la honte et l'amertume de la vie sont trop grandes, au lieu de se cacher sous le froc, et de chercher un remède dans les pratiques religieuses et les œuvres de miséricorde, on invoque la mort et le néant ! Puis, on va au coin d'un bois ou dans une solitude quelconque se passer une corde au cou, un grain de poison dans les entrailles ou bien une balle dans le cerveau. A moins, toutefois, que l'orgueil et la haine ne trouvent plus expédient ou plus glorieux de provoquer un ennemi et souvent un trop heureux concurrent, pour tâcher de lui percer le cœur, sous les yeux de quatre témoins qui, en face de la mort ou du sang répandu volontairement, proclameront que l'honneur est satisfait !.....

Et dire que de telles horreurs sont innocentées et souvent glorifiées par une certaine presse qui s'en vient, chaque jour, nous vanter le progrès moderne et les bienfaits de la morale indépendante ! Faut-il s'étonner, après cela, de voir insulter, calomnier et repousser comme une vieillerie la Religion qui produit les Ermites, catéchistes et gardes-malades, les Sœurs de la Charité et les Frères de la Doctrine chrétienne et de la Miséricorde ! O temps ! ô mœurs !

Mais revenons aux ruchers : il ne faut pas que l'apicul-

teur se laisse emporter trop loin par le moraliste indigné.
De l'ermitage de Ravereau allons à la Chapelle d'Avigny.

VI.

LES ABEILLES ET LA CHAPELLE D'AVIGNY.

Je travaillais à un petit Traité sur l'Apiculture, quand une entreprise des plus importantes au point de vue religieux, s'est imposée, réclamant toute mon activité. Il s'agissait de reconstruire une église, en dehors de toutes les ressources ordinaires. Rien à attendre de l'Etat, rien de la Commune : donc, faire appel à la charité des âmes pieuses et au travail des abeilles, fut ma première pensée.

Les abeilles, aussi bien que la charité, ont dépassé mon attente.

Aujourd'hui, l'église est presque achevée, et il me reste à payer un double tribut de reconnaissance. Avant de dire la part qui revient aux abeilles, qu'on me permette une digression, une courte notice historique, destinée à faire connaître l'importance de l'œuvre en question et aussi la grandeur des subsides apportés par l'apiculture.

Au sommet de la montagne qui sépare l'Yonne de la Cure, dans la direction de Mailly-la-Ville à Arcy, presque à égale distance de ces deux bourgs, à cinq kilomètres environ de chacun d'eux, le voyageur rencontre, sur la droite, un groupe de maisons assez considérable. Vainement y eût-il naguère cherché une église et un clocher : rien ne venait interrompre le triste et monotone aspect des chaumières. Ici, devait-il se dire, la faiblesse est sans appui, la misère sans consolation et le travail sans repos, puisqu'il n'y a point de place pour la maison de Dieu !

Avigny est le nom de cette bourgade, si longtemps veuve de son sanctuaire. Avigny, dont la population est de 400 âmes, en y comprenant les petits hameaux voisins, fait partie de la paroisse de Mailly-la-Ville. On ne peut s'empêcher de lui reconnaître la plus haute antiquité, si l'on fait attention aux ruines de sa vieille Chapelle, aux nombreux tombeaux en pierre qui l'entourent, à une Bulle de Pascal II, de l'an 1104, et à d'autres documents déposés aux archives départementales de l'Yonne et de la Côte-d'Or. Mais, laissons de côté ce qui n'intéresse que l'archéologue, pour nous occuper plus particulièrement de ce qui touche à la Religion.

Au moyen âge, Avigny possédait un petit sanctuaire dédié à Notre-Dame de Bon Secours et à saint Marc. On y venait prier des pays voisins, et jamais pèlerin, au dire des anciens, ne s'en retourna sans obtenir quelque faveur dans la chapelle d'Avigny.

Lorsque, à la suite de l'invasion anglaise et de l'hérésie protestante, l'incendie et la guerre exerçaient leurs ravages dans le comté de Mailly, il y eut toujours une protection pour le vieux sanctuaire ; et quand tout était perdu, le pauvre sans ressource avait une dernière ancre d'espérance, puisque Notre-Dame du Bon Secours et saint Marc étaient encore là, protégeant le hameau.

Cet asile, précieux pour la foi, semblait dès lors plus cher et plus vénéré dans les supplications de la détresse.

Il vint cependant une époque où l'antique Chapelle fut mal protégée par la vénération : ce fut en 1793. Dans le plus fort de la *Terreur*, elle fut mise à l'encan par un agent révolutionnaire et adjugée pour une pièce de monnaie. On a dit pour une scène de débauche allant jusqu'à l'orgie !

Si la profanation porte malheur, il semble que les cris

15

de la Foi éplorée doivent précipiter la vengeance; il en fut ainsi pour le premier acquéreur, qui eut une fin mauvaise et prématurée.

Un nouveau possesseur, embarrassé d'une acquisition revendiquée par la Religion et troublée par les protestations du hameau, la revendit; en 1818, le portail fut détruit, et le reste du monument approprié à une nouvelle destination. On vit donc les statues de Notre-Dame de Bon Secours, de saint Marc et de saint Nicolas, arrachées de leur asile sacré, et reléguées au milieu des cercueils en pierre. Longtemps encore la prière et la dévotion vinrent les y trouver, malgré les épines qui en défendaient l'accès. Mais, plus tard, la vénération se lassa, et l'affaiblissement de la foi laissa mutiler et enfouir ces objets de la religion des siècles passés. Quant à la cloche dédiée à Notre-Dame de Bon Secours, par un reste de l'antique dévotion qui commandait encore à la cupidité, elle fut cédée gratuitement au village et suspendue au tilleul de la place : on la sonnait dans les orages pour invoquer la glorieuse patronne. Refondue avec la grosse cloche de Mailly-la-Ville, elle était restée au-dessus de la maison d'école d'Avigny, attendant une Chapelle ; mais la Chapelle ne venait pas !

Elle avait été en vain réclamée par les vieillards, qui rappelaient avec respect la dernière messe célébrée sur la montagne d'Avigny. Les administrations ecclésiastique et civile avaient bien reconnu la légitimité de leurs réclamations ; mais la commune ne pouvait rien faire pour la Chapelle rurale avant l'agrandissement ou la reconstruction de l'église paroissiale, qui devait elle-même attendre bien des années (1).

Pour le hameau, attendre n'était plus possible : les

(1) L'église paroissiale de Mailly-la-Ville est aujourd'hui en reconstruction.

besoins religieux et moraux étaient devenus si pressants, que je me fis un devoir de l'œuvre de réparation. Eh quoi ! me dis-je, il y a quatre cabarets dans ce hameau, et la Religion n'y aurait pas un asile pour prier, catéchiser les petits enfants, administrer les sacrements aux vieillards et aux infirmes !

Mais où trouver les ressources nécessaires ? Avigny est pauvre, et les habitants ne pouvaient offrir que leur travail. D'où viendra le reste ? que faire ?

Je pris le parti de m'adresser à la charité des fidèles et aux abeilles.

Ce n'est pas ici le lieu de dire les bienfaits de la charité ; mais les droits de l'apiculture exigent que je publie ce qu'ont fait les abeilles pour me venir en aide.

Au nom des abeilles, je fis d'abord l'acquisition d'un vaste terrain qui, en forme de monticule, vient s'appuyer sur le hameau d'Avigny. En 1862, au mois de décembre, douze ruches d'abeilles prirent possession de ce lambeau de terre, assez large pour les mettre à l'abri du plus into-lérant des arrêtés administratifs. Elles prospérèrent si bien que, chaque année, la population doubla en même temps que les produits.

Aussi, quand deux ans après, il fallut poser la première pierre de l'édifice sacré, les abeilles avaient pris l'avance. Grâce au fruit de leur travail, près de cent mètres cubes de pierre avaient été rendus sur place. Leur infatigable acti-vité ne s'est pas démentie depuis cette époque. Les soixante ruches ont si bien travaillé, à l'ombre de la nouvelle Chapelle, qu'elles ont payé intégralement la somme due pour deux ou trois hectares de terrain qui l'entourent. Et là ne s'arrêtera pas leur labeur généreux !

Il nous faut encore un clocher, deux autels, des vitraux et divers ornements, avant qu'on puisse appeler la béné-diction sur la nouvelle église. Mais le passé nous est garant de l'avenir ; nous gardons les meilleures espérances. Et s'il ne nous est pas encore permis d'assigner la part des abeilles dans ce qui reste à faire, nous pouvons dire en toute assurance qu'elles auront leur vitrail. Sur *un champ d'azur voltigeront des abeilles d'or, autour de leur ruche d'argent.*

Puis, quand viendra le jour tant désiré de la bénédiction solennelle, du produit de leur cire la plus pure les abeilles offriront de beaux cierges dorés, qui se consumeront en l'honneur de Celui qui apparaît très-grand même dans ses plus petites créatures :

Maximus in minimis Deus !

VII.

PETITS ET GRANDS SECRETS DE L'APICULTEUR

OU

CONSEILS AUX APICULTEURS NOVICES.

Cunctis mella dabunt, nullis sua spicula figent.
Plus d'aiguillon, le miel pour tous !

Malgré tout ce que l'on a pu dire et écrire sur les abeilles, l'apiculture est encore regardée comme un secret, dont les initiés ont le monopole. Les Sociétés apicoles doivent faire disparaître ce préjugé, soigneusement entretenu par quelques praticiens avides, qui voient une diminution de leurs profits dans l'extension de la culture des abeilles. J'ai déjà attaqué ces prétentions égoïstes : c'est pour essayer d'y porter le dernier coup que je vais réduire à leur plus simple expression les données du progrès de la science apicole.

Ce que je dirai n'est pas une nouveauté, puisque je le répète depuis quinze ou vingt ans à tous ceux qui me demandent conseil pour la direction d'un rucher. Aussi bien MM. Hamet et Collin, par leurs savantes dissertations, m'ont rendu la tâche facile. Le plus souvent je me suis contenté de renvoyer à leurs écrits ceux qui voulaient avoir des idées précises et une méthode exacte pour la culture des abeilles. Aux habitants de la campagne j'indiquais le *Calendrier apicole* et les divers traités de MM. Hamet et Collin. Aux instituteurs, aux industriels, aux amateurs, je conseillais la lecture du journal l'*Apiculteur*.

J'ai cru, cependant, m'apercevoir que les apiculteurs novices attachent beaucoup trop d'importance à certaines thèses abstraites, qui peuvent bien séduire l'intelligence au moyen d'une théorie plus ou moins rationnelle, mais qui n'aboutissent à aucun avantage pratique. Telles sont les thèses sur la parthénogenèse, sur les ruches à rayons mobiles, voire même les magnifiques promesses faites au nom des colonies et des mères italiennes ou liguriennes.

Je connais l'activité de l'abeille italienne, je connais même son irascibilité : elle m'a fait voir qu'elle a un aiguillon trempé dans le plus subtil venin. Mais, quand j'ai été amené à comparer son travail avec celui de notre abeille commune, si les deux mères avaient le même âge, la même force, le même nombre d'ouvrières, une ruche de même forme, les mêmes soins, après plusieurs expériences j'ai dû constater que les colonies françaises ne sont inférieures aux italiennes ni sous le rapport de l'essaimage, ni sous celui de la récolte du miel.

Mon opinion, je le sais, a contre elle de nombreux témoignages, elle ne pèsera guère dans la balance pour faire réformer le jugement; aussi n'ai-je en vue que de le faire réviser. C'est même dans cet unique but que je soulève ici un doute, et que je provoque les expériences comparatives faites non pas clandestinement et isolément, mais dans plusieurs ruchers et sous la direction des Sociétés apicoles. Mon rucher est offert, au besoin, pour servir de champ clos.

Je ne conseille la ruche à rayons mobiles que pour les études et les observations diverses; la facilité qu'elle donne de multiplier les colonies, n'est pas toujours favorable à la récolte du miel. Laissons donc aux Allemands leur méthode apiculturale aussi compliquée, aussi abstraite que leurs raisonnements métaphysiques. Leur *mobilisme rationnel* ne prendra jamais racine dans les ruchers du Gâtinais, qui ne laissent rien à désirer sous le rapport de la quantité ni de la qualité du miel.

Ces réflexions émises comme préambule, j'aborde la question des conseils ou des secrets, puisque l'on veut absolument qu'il y ait encore des secrets en apiculture. Rigoureusement parlant, tous les principes pourraient se réduire à un seul, qui contiendrait implicitement les autres: tout s'enchaîne, tout est corrélatif dans la culture des abeilles, comme dans leur organisation intérieure.

Voici donc les conseils que je crois utile d'adresser aux apiculteurs novices, afin de leur épargner bien des déceptions :

1° N'ayez que des colonies très-fortes et bien organisées ;

2° Ayez soin de changer la mère-abeille quand elle est vieille ou inféconde ;

3° Ne gardez que des ruches bien approvisionnées;

4° Renouvelez tous les trois ou quatre ans les bâtisses de cire ;

5° Ayez des ruches de moyenne grandeur, que vous puissiez hausser et surmonter d'une calotte ou magasin de miel ;

6° Ne pratiquez les chasses ou essaims artificiels que dans les années fertiles en miel.

I

Le grand secret de l'apiculture, qui renferme tous les autres , c'est d'avoir toujours des colonies fortes et bien organisées. Une colonie est bien organisée quand elle a une reine ou mère féconde, avec une nombreuse armée d'ouvrières. La fécondité de la mère-abeille suffit ordinairement pour entretenir une population forte. Mais il peut arriver que la ponte soit contrariée, interrompue ou détruite par la famine, le pillage ou les intempéries survenant au commencement du printemps ; la population peut aussi être affaiblie par un essaimage plusieurs fois répété. Voici le moyen de remédier au mal. Lorsqu'on a la ressource des essaims secondaires ou tardifs, il faut en rendre un ou deux à la souche épuisée ; sinon, on doit réunir deux colonies faibles auxquelles on donne un supplément de nourriture, s'il y a lieu.

II

L'affaiblissement de la population vient-il de la disposition à la stérilité ou de la débilité de la mère, il faut y porter remède en donnant à la ruche, le plus tôt possible, une mère féconde. On donne une mère à une colonie orpheline en la mélangeant avec un essaim secondaire, qui ne pourrait pas réussir isolément. A défaut de cette ressource, il suffit d'introduire au milieu de la ruche un rayon de cire de dix à quinze centimètres carrés, contenant du couvain de différents âges à l'état d'œufs et de larves. Ce rayon est bientôt soudé, et après deux ou trois jours, on peut voir des berceaux disposés pour recevoir des reines dont l'une sera adoptée par la colonie qui l'a élevée.

Il est encore facile de se procurer une mère au moment de l'essaimage. On réussira à la faire adopter par la colonie orpheline qui ne renferme pas d'ouvrières pondeuses ou mères imparfaites. Quand ce vice de constitution existe dans une ruche, la population en est ordinairement très-faible. Il faut alors en chasser les abeilles et s'emparer des provisions de la ruche.

La faiblesse de la mère se reconnaît à la diminution progressive du couvain et de la population. Les ruches qui restent plusieurs années sans essaimer, ont souvent des mères vieilles et débiles. Je dis souvent, car la mère peut périr au moment de l'éclosion du couvain et au temps de faux bourdons. Les ouvrières font alors éclore une nouvelle mère, qui est fécondée en son temps, et qui fortifie la colonie par une ponte abondante.

Quand on a constaté qu'une ruche possède une mère débile, on en chasse les abeilles en faisant un essaim artificiel, si la population est assez forte ; sinon, on enlève la mère, et les abeilles se chargent d'en élever une nouvelle.

Mais, le moyen de s'emparer de la mère, cachée au fond de la ruche et environnée de dix mille dards ? Le voici. On asphyxie momentanément les abeilles avec la fumée produite par la combustion du lycoperdon, vulgairement vesce-de-loup, espèce de champignon, ou par celle d'un chiffon imprégné de sel de nitre. On trouve la mère invalide gisant au milieu des ouvrières endormies sur le tablier de la ruche, on s'en empare, et on la remplace par une mère valide qu'on s'est procurée par le même moyen ou autrement.

III

Une ruche qui renferme une mère féconde, a ordinairement une forte population, d'infatigables ouvrières qui ne se donnent aucun repos, tant qu'il reste quelque vide à remplir. Mais il se peut que leur activité soit paralysée par la sécheresse et les autres intempéries, et qu'elles arrivent à l'automne sans avoir assez de provisions pour passer l'hiver. Comment faut-il traiter cette ruche ? Le voici. Si la cire est vermeille, on peut chasser les abeilles et les réunir à une population faible qui a beaucoup de provisions ; on conserve soigneusement la ruche pleine de cire pour la donner à un essaim au printemps suivant.

Les éleveurs avides de multiplier les colonies, préfèrent compléter les provisions de la ruche, en lui prêtant quelques kilogrammes de miel ; dans ce cas, ils ont bien soin de faire exactement la tare du contenant et du contenu. Quand les essaims sont faibles ou trop dénués, ils aiment mieux les mélanger : leur alimentation devient ainsi plus facile. Avec une ruche normande, il suffit de donner à ces essaims réunis une calotte ou magasin rempli de miel.

Afin de n'avoir pas besoin de compléter la provision de miel, empêchez-en la consommation en favorisant l'instinct des abeilles qui les porte à détruire leurs faux bourdons, quand les plantes et les fleurs sont dépourvues de sucs mellifères. Le moyen de diminuer le nombre de ces bouches inutiles est simple et pratique : il consiste à supprimer les naissances, c'est-à-dire à détruire les berceaux.

On a beaucoup critiqué l'opération de la taille qui se fait au printemps, j'en ai moi-même signalé l'abus et les dangers. Si la taille des rayons avait pour unique but le maigre bénéfice que procure la vente de la cire en copeaux, la critique aurait raison. Mais la suppression des rayons peut avoir une cause rationnelle. Indépendamment des rayons moisis ou autrement détériorés, dont il faut débarrasser la ruche vers la fin d'avril ou aux premiers jours de mai, je conseille de retrancher certains rayons dont la cire est bien conservée, mais dont les cases, plus larges, sont destinées aux couvains de faux bourdons; elles seront en grande partie remplacées par des cellules d'ouvrières, pour le plus grand bien de la colonie. Grâce à cette opération, j'ai vu mon rucher donner de nombreux essaims et une bonne récolte de miel, tandis que les ruchers voisins n'offraient à leurs propriétaires que la fanfare assourdissante des faux bourdons.

Il arrive quelquefois que les abeilles, contrariées par les intempéries du printemps, soient réduites à la famine au moment de la grande ponte de la mère. Il faut leur fournir alors un large supplément de nourriture. Si votre réserve de miel est épuisée, achetez le miel du Chili que

vous réduirez en sirop avec le moins d'eau possible, avant
de le présenter aux abeilles. Le miel trop étendu d'eau est
dangereux : il peut amener la dyssenterie, et même, suivant quelques apiculteurs, la pourriture du couvain ou la
loque contagieuse. Je ne suis pas de cet avis, j'attribue ce
fléau à la nécessité où se trouvent les abeilles de laisser une
partie des larves ou jeunes mouches exposées au froid, parce qu'elles ne peuvent procurer à toutes la chaleur normale. Les colonies abondamment pourvues de miel sont
rarement dans ce cas, à moins qu'elles ne soient logées
dans une ruche défectueuse. Je l'ai démontré ailleurs.

IV

Il y a près de vingt ans, un villageois, cultivateur d'a-
beilles, me témoigna sa surprise de voir mon rucher grandir rapidement, tandis que le sien allait toujours en diminuant : il ne lui restait plus que cinq ou six ruches
délabrées, qui ne donnaient ni miel ni essaims ! Il me
demanda la raison d'une différence si notable dans les
rendements de deux ruchers ayant les mêmes pacages. Je
lui promis d'en rechercher la cause et même de remédier
au mal, s'il était possible.

Je trouvai son apier dans un état déplorable. Ses ruches
avaient la forme d'une cloche, et étaient recouvertes à
l'extérieur d'une couche épaisse de propolis qui en cachait
mal la vétusté. La première ruche, enfumée et renversée,
me présenta des rayons noircis, tout à fait impropres à
l'éducation du couvain. Après avoir enlevé deux ou trois
copeaux de cire, je pus m'assurer que le fond de la ruche
contenait du miel grenu inclus dans une cire moisie et
tellement durcie qu'elle résistait à la meilleure lame d'acier.
A part un essaim de deux ans qui se trouvait dans d'assez
bonnes conditions, toutes les colonies en étaient réduites à

loger leur couvain dans des cellules tout aussi vieilles que la ruche.

Les ouvrières elles-mêmes se ressentaient de ce piteux état des rayons : elles étaient rabougries, d'un quart environ plus petites que les abeilles ordinaires, parce que le développement de leur corps avait dû se plier à la dimension de leurs cellules rétrécies. Les mâles n'étaient guère plus gros que des abeilles ouvrières. Je suppose que la reine participait à cette dégénérescence générale ; je ne puis l'affirmer, elle se déroba à mes investigations. Au reste, je n'avais pas besoin d'autre preuve, je savais assez que la colonie était incapable de prospérer.

Je proposai donc à son propriétaire d'en opérer le transvasement. Il y consentit non sans hésiter, car il croyait la chose impossible.

Quand le sainfoin commença à donner ses premières fleurs, je me rendis à son jardinet. Je fis renverser sur un tabouret la vieille ruche, qui fut recouverte d'une autre ruche de même diamètre. Un peu de fumée et une nappe légère enveloppant les deux ruches, suffirent pour rendre les abeilles inoffensives et prisonnières. On frappa la ruche inférieure avec une baguette, et aussitôt un grand bruissement se fit entendre : les abeilles quittaient l'ancien logement pour monter dans le nouveau. Après quelques minutes, notre cultivateur, ébahi, pouvait contempler ses abeilles groupées comme un essaim au fond de la nouvelle ruche, qu'il posa sur le tablier de l'ancienne. L'opération du transvasement terminée pour la première ruche, on la répéta pour trois autres qui se trouvaient dans le même état de vétusté. Les abeilles travaillèrent avec l'ardeur des jeunes colonies dans la nouvelle demeure qu'elles avaient acceptée, et au printemps de l'année suivante, elles donnèrent du miel et des essaims.

Il y a donc tout profit à renouveler ainsi les bâtisses de

cire le plus souvent possible, au moins tous les trois ou
quatre ans. Cette méthode peut se combiner avec la récolte
du miel, mais dans ce cas il faut attendre quelques jours
après l'essaimage, afin que la plus grande partie des couvains soit éclose. A moins que l'on ne préfère la méthode
des essaims artificiels, avec récolte partielle ou totale des
provisions de la ruche. Nous dirons plus tard les avantages et les dangers de cette opération.

V

J'ai déjà parlé de la forme des ruches ; ce que j'en ai dit
pourrait suffire, à la rigueur. Je reconnais les avantages
inappréciables des ruches à rayons mobiles, quand il s'agit
de faire des expériences scientifiques ; je les recommande
donc aux amateurs. Quant aux producteurs, il leur faut un
système à la fois moins compliqué et moins dispendieux.
Sous ce dernier rapport, la ruche ancienne dite *villageoise*,
d'une seule pièce, aura toujours ses partisans, surtout
parmi ceux qui vendent leurs essaims ou le trop plein de
leurs ruchers. D'une facture très-simple, elle est économique, facile à transporter, et se prête assez bien à la récolte
totale du miel par transvasement. On doit, toutefois, lui
préférer la ruche normande à calotte ou chapiteau : aux
avantages de la précédente, elle joint une facilité de plus
pour la récolte partielle du miel. Il faut cependant se tenir
en garde contre cette facilité qui expose à compromettre
l'avenir des colonies, en leur enlevant une partie des provisions dont elles peuvent avoir besoin au commencement
du printemps. Pour remédier à cet inconvénient, je conseille
d'avoir en réserve quelques calottes remplies de miel.

Après avoir émis mon sentiment sur la forme des ruches,
je dois quelques explications sur leur capacité. Les ruches

trop grandes essaiment rarement, mais en revanche elles donnent de forts essaims, et se prêtent assez bien à une récolte partielle. Quant aux petites ruches, elles ont d'autres avantages qui me les font préférer : elles fournissent généralement quatre fois plus d'essaims que les grandes. Or, comme on a la faculté de les doubler pour les rendre très-forts, il s'ensuit qu'elles l'emportent de beaucoup pour ce qui est de l'essaimage. Donc, adoptez des ruches d'une grandeur moyenne, toutes de même diamètre et de même élévation ; que leurs calottes ou magasins de miel aient tous la même capacité ou le même calibre, afin que vous puissiez remplacer l'un par l'autre, quand il s'agira de récolter le miel ou d'alimenter les colonies. Ayez aussi à votre disposition quelques hausses de même diamètre dont vous ferez usage au moment de la miellée végétale.

La paille étant un mauvais conducteur du froid et de la chaleur, doit être préférée comme matière de construction des ruches. Il faut que les boudins en soient très-serrés, et qu'ils aient au moins trente-trois millimètres de diamètre.

La forme ronde est préférable sous plus d'un rapport. On peut donner au corps de ruche trente-trois centimètres d'élévation sur trente-trois à trente-cinq centimètres de largeur, à l'intérieur. Il se terminera par un plafond ayant au centre une lunette ou porte de communication de dix centimètres environ. Quant au magasin de miel, donnez-lui la forme d'une calotte sphérique ayant trente centimètres de largeur à sa base, et quinze centimètres de hauteur, à l'intérieur.

Cette ruche se fabrique aux environs d'Auxerre et dans le Morvand. Le corps de la ruche auxerroise a trois ou quatre centimètres de plus à sa base, afin de lui donner plus d'évasement ; la ruche avallonnaise a le même diamètre jusqu'à son plafond. La première se vend quatre francs, la seconde trois francs.

VI

Il y a peu de différence, quant à la manière d'opérer, entre la chasse, le transvasement et la pratique de l'essaimage artificiel. La chasse a été longtemps le fléau de notre apiculture départementale : les marchands de miel l'employaient pour dépouiller plus facilement les ruches à une époque de l'année où les abeilles ne pouvaient plus s'approvisionner pour l'hiver. Les mettre dans une ruche vide, c'était les condamner à mourir de faim.

J'ai dit de quelle manière et à quelle époque il faut opérer le transvasement des vieilles ruches, pour renouveler les rayons de cire durcis par un long service et rendus impropres à l'éducation du couvain. Il me reste à traiter de l'essaimage artificiel, de ses avantages et de ses inconvénients.

On a beaucoup trop exalté la pratique de l'essaimage artificiel. Je me suis efforcé de réagir contre une tendance qui me paraissait dangereuse ; j'ai peut-être dépassé le but, pour avoir exagéré le péril. S'il en est ainsi, je vais revenir à la vérité, en exposant quelques principes qui serviront à éclairer la pratique et à la rendre plus féconde en bons résultats. Je dirai d'abord sur quelles ruches, de quelle manière et à quelle époque il convient d'opérer, pour éviter les déceptions.

Demander une nouvelle colonie à une population faible, c'est forcer la nature, c'est compromettre et la souche et le rejeton. Cette vérité saute aux yeux, elle peut se passer de démonstration. Je ferai cependant observer que la faiblesse de la population dénote la présence d'une mère imparfaite : comment veut-on alors que cette colonie, qui aurait besoin d'être fortement recrutée, puisse prospérer, c'est-à-dire faire ses provisions et alimenter sa progéniture ?

J'ai remarqué, d'un autre côté, qu'il est assez rare de trouver des populations faibles ayant un nombreux couvain : le nombre des ouvrières, le travail intérieur et extérieur d'une colonie sont choses corrélatives. Il n'y a guère d'exception que pour les ruches qui ont été victimes du pillage ou des intempéries. On doit savoir les distinguer, et au lieu de les affaiblir par l'émigration forcée de leurs habitants, il faudrait les doubler ou leur laisser quelque répit pour se fortifier.

Il est donc convenu qu'on ne demandera un essaim artificiel qu'aux populations nombreuses et abondamment pourvues de couvain. Si l'opération est faite habilement et en temps convenable, il n'y aura guère de différence entre le sort de la ruche-mère et celui de la nouvelle colonie : l'une ayant ses magasins remplis ou à peu près, attendra sans grand inconvénient l'éclosion de la progéniture ; l'autre, ayant une armée de travailleuses pleines d'ardeur, pourra mener de front la construction des rayons, l'éducation du couvain et la récolte du miel.

Ce premier principe brièvement exposé, je serai également court sur la manière d'opérer. Elle est connue de tous les apiculteurs, qui n'en font plus un secret ; et d'ailleurs, il n'est pas un seul traité d'apiculture qui n'ait son chapitre sur les essaims artificiels. Pour les extraire de la ruche villageoise et de la ruche normande, on emploie la méthode que j'ai indiquée en parlant du transvasement des vieilles souches, avec cette différence que pour ces dernières il faut viser à une expulsion complète des habitants, tandis que dans l'extraction de l'essaim artificiel, on peut laisser à la souche un certain nombre d'ouvrières pour soigner le couvain et défendre les magasins de miel. Dans les deux cas, il faut avoir l'assurance que la reine ou mère-abeille se trouve avec les émigrantes au sommet de la nouvelle ruche.

C'est avec intention que j'indique le sommet de la ruche comme point de concentration de l'essaim artificiel. Lorsque le fait existe, j'en induis que la reine est au milieu de la colonie. Remarquez, cependant, que l'éparpillement de l'essaim autour de la ruche vide peut venir de la grande chaleur, ou de l'abus de la fumée employée par certains opérateurs pour accélérer l'émigration.

Je ne me préoccupe pas trop de la présence de la reine: voici pourquoi. Quand le nouvel essaim est placé à proximité de la ruche qui l'a produit, un certain nombre d'abeilles retournent à la souche; elles y sont bientôt rentrées toutes, si elles n'ont pas de reine. C'est pour cela que plusieurs apiculteurs conseillent de ne pas éloigner l'essaim de la ruche-mère. Telle n'est pas mon opinion. Adoptant le sentiment et la pratique de M. l'abbé Boyer, je crois préférable de faire transporter les essaims à trois ou quatre kilomètres du rucher qui les a donnés. Je suppose qu'il y en a plusieurs, et qu'ils sont juxtaposés dans le nouveau rucher. Le lendemain, ils font leurs évolutions pour en reconnaître la position : y a-t-il une colonie orpheline, elle quitte sa ruche et va se marier à l'une de ses voisines. On gagne ainsi en force ce que l'on perd en nombre. Si l'on craint la pluie ou le froid pour les jours qui suivent l'installation des essaims, et qu'on veuille s'épargner la peine d'aller les visiter, il est prudent de leur prêter à chacun un gâteau de miel d'un demi-kilogramme environ. Dans les ruches normandes, on le place sur la calotte, à côté de la porte de communication ; dans les ruches villageoises d'une seule pièce, on le pose sur le tablier.

Mais, à quelle époque précise doit-on faire les essaims artificiels ? Cette époque ne saurait être bien déterminée: elle est subordonnée au développement du couvain et de la population. Il est aussi prudent d'attendre que les premiers faux bourdons ou mâles aient paru dans le rucher, afin qu'ils puissent féconder au plus tôt la nouvelle mère. D'aucuns prétendent que cette condition n'est pas absolument nécessaire ; j'en ai cependant toujours tenu compte.

De même, j'ai toujours cru qu'il faut faire coïncider l'essaimage artificiel avec l'exsudation mellifère des feuilles et des fleurs : les colonies expropriées en profitent, et en moins de quinze jours, elles remplissent la ruche de cire et de miel. Quand les intempéries survenant au milieu du printemps, entravent le travail intérieur et extérieur des abeilles, je conseille de ne pas faire d'essaims artificiels ; il faut, dans ce cas, s'en rapporter à l'instinct des abeilles, et attendre qu'elles essaiment naturellement.

Avec ces précautions, la pratique des essaims artificiels peut être très-utile pour ceux qui veulent augmenter le nombre de leurs ruches ; d'ailleurs, elle dispense de garder les essaims naturels qui se font longtemps attendre, et qui souvent persistent à prendre la fuite, malgré la vigilance du gardien. Elle a un autre avantage qu'on n'a pas assez apprécié : le renouvellement des mères, qui se fait moins régulièrement lorsqu'il vient seulement des essaims naturels. Elle peut encore se combiner, dans certaines contrées, avec la récolte partielle ou totale du miel, et avec le retranchement partiel des rayons de vieille cire. Mais, pour ces diverses combinaisons, il faut absolument tenir compte de la flore locale, autrement elles risqueraient de venir en temps inopportun.

Faites les essaims artificiels depuis neuf heures du matin jusqu'à quatre heures du soir, lorsque les butineuses sont à la campagne ; celles qui rentrent pendant et après l'opération, suffiront pour soigner le couvain et garder les provisions de la ruche.

Les apiculteurs qui tiennent plus à la force qu'au nombre des essaims, mettent deux ruches à contribution pour former un seul essaim, de la manière qui suit. Ils posent l'essaim à la place de la souche qui l'a produit, et celle-ci à la place d'une autre ruche qu'ils transportent avec son tablier à l'extrémité du rucher. Je conseille cette méthode à ceux qui n'ont pas la faculté de transporter leurs essaims à quelques kilomètres de l'abeiller.

VIII.

LES SUITES D'UNE PIQURE D'ABEILLE.

Il y a quelques années, un ancien commerçant vint me demander comment il devait s'y prendre pour établir un rucher dans une propriété qu'il avait récemment acquise. Tout à fait novice dans l'art de soigner les abeilles, il aimait en revanche beaucoup le miel, et, après tout ce qu'on lui avait dit des rendements apicoles, il n'eût pas été fâché de joindre ce pécule au fruit de ses économies et de son commerce. J'encourageai son projet, et pour répondre à son désir, je lui fis connaître les qualités que devaient avoir les ruches destinées à former le noyau du futur apier, dont la position et l'orientation furent définitivement arrêtées.

L'emplacement était indiqué par une déclivité du sol, qui pouvait protéger les ruches contre la bise et la tempête. Quant à l'orientation, je conseillai d'adopter celle du sud-est : elle permettait aux abeilles de s'envoler directement dans la prairie, où elles seraient appelées par les premiers rayons du soleil. Il fut réglé que le candidat en apiculture achèterait, au sortir de l'hiver, des ruches de deux ans, abondamment pourvues de miel et de population.

Il eut la bonne fortune de rencontrer un propriétaire d'abeilles qui voulut bien, moyennant un prix convenu, lui laisser choisir les six meilleures ruches de son abeiller. Mais l'embarras du choix fut tel que l'acquéreur dut s'en rapporter à la conscience du vendeur. Celui-ci n'hésita pas à garantir la prospérité des ruches cédées, et voici comment cette garantie fut spécifiée : Ces ruches devaient avoir assez de vivres pour attendre les nouvelles fleurs; de plus, elles devaient donner du miel et des essaims dans la même proportion que les meilleures colonies de la contrée.

Tout s'arrangea pour le mieux, et bientôt l'ancien négociant devenu apiculteur n'eut qu'un regret, celui de ne s'être pas livré plus tôt à une industrie qui amenait à flot le miel dans son verger. Quatre des six ruches-mères donnèrent chacune deux essaims, les deux autres en donnèrent six. L'apiculteur, émerveillé, voulut s'assurer de l'approvisionnement des ruches qui avaient essaimé. La vue de leurs magasins remplis de miel le rendit téméraire : malgré les avis qu'il avait reçus, il crut au progrès indéfini des produits de son apier, et c'était pour le favoriser à sa manière qu'il avait logé chacun de ses quatorze essaims nouveaux dans une ruche spacieuse.

Tout d'abord il glorifiait une méthode qui, en quelques mois, avait presque triplé le nombre de ses ruches. Comme l'année était humide et chaude, partout féconde en fleurs mellifères, ses vingt colonies déployèrent une activité qui fit croire à une prospérité générale. La déception devait suivre de près.

La sécheresse commença vers la fin de juillet, et continua presque sans interruption jusqu'au mois de septembre. A cette époque, le nouvel apiculteur fut étonné de voir deux ruches-mères enveloppées d'un nuage d'abeilles qui entraient et sortaient avec un bourdonnement extraordinaire. Il ne fut pas longtemps sans s'apercevoir que ces ruches étaient livrées au pillage. L'une d'elles, qui avait été préalablement envahie par la fausse-teigne, était pour ainsi dire tapissée de cocons blanchâtres. L'odeur du miel mis en fermentation avait attiré les pillardes qui, non contentes de cette première proie, se ruèrent sur la ruche voisine dépourvue de reine. De là, grand embarras pour l'ambitieux négociant, qui dut bien reconnaître que tout n'est pas rose en apiculture.

Mais là ne devaient pas s'arrêter les mécomptes. Quelques jours après le pillage de ces deux ruches, arriva le trépas des dernières colonies qu'elles avaient produites, et que la prudence eût conseillé de leur rendre immédiatement, puisqu'il est avéré que les ruches-mères donnant trois essaims au printemps, demeurent orphelines ou très-faibles en population à l'entrée de l'hiver.

Quant aux essaims secondaires, leur sort n'était guère meilleur : ils n'occupaient qu'un petit coin d'un vaste logement qui eût suffi pour deux ou trois colonies mélangées. Leur mélange eût pu s'effectuer très-facilement le jour ou le lendemain de l'essaimage; mais, au mois de septembre, l'opération n'était pas sans présenter de grandes difficultés pour un novice. Notre apiculteur ayant consulté son calendrier apicole, résolut néanmoins de la tenter, et cela sous les yeux de son épouse, qui se faisait une fête d'assister à un spectacle nouveau pour elle. Elle s'imaginait sans doute que les abeilles seraient aussi inoffensives qu'aux jours de l'essaimage. Le mari lui-même, ne se rendant pas bien compte de la difficulté d'enfumer suffisamment une ruche composée de plusieurs compartiments, ne prit guère de précautions pour éviter des accidents qu'il ne soupçonnait pas.

La calotte, mal assujettie, se détacha de la ruche renversée. Pour comble de malheur, les abeilles qu'elle contenait n'étant pas étourdies par la fumée, se mirent en fureur, et trouvèrent moyen de répartir quelques piqûres entre les deux conjoints, qui avaient été assez téméraires pour déposer leurs camails. Il leur fallut battre en retraite, abandonnant le miel au pillage.

L'épouse était inconsolable. La douleur cuisante de l'aiguillon n'était pas ce qui la désolait le plus : l'enflure envahissait une partie du visage au point de la rendre méconnaissable, et elle devait, ce soir-là même, se rendre

à un grand dîner, où elle se promettait beaucoup de joie !...
Le mari n'était guère mieux traité. Deux ou trois piqûres
qu'il avait voulu cautériser avec de l'alcali pur, avaient
produit sur ses joues de grandes taches noires et livides,
telles qu'en eussent fait de violents coups de fouet ou de
bâton. Il fallut donc renoncer à une partie de plaisir, plutôt encore que de consentir à servir de risée aux convives !

L'épouse ne put contenir son irritation : elle jura la perte
du rucher, et le mari, pour ne pas mettre la brouille dans
le ménage, se résigna à exiler les abeilles du verger. Il les
donna à son jardinier, qui consentit une redevance annuelle
de miel. Faut-il dire toute la vérité ? L'épouse, depuis la
piqûre, trouva le miel amer et le bannit de sa table, au
grand regret de son époux !

Un apiculteur ne doit donc jamais oublier que la prudence est mère de la sûreté. Je veux citer un second fait à
l'appui de cet adage. Ce fait est authentique, et pour avoir
presque un siècle de date, il n'en est pas moins palpitant
d'intérêt.

C'était vers le milieu du siècle dernier. Un cultivateur
d'Avillon, hameau de Mailly-la-Ville, avait un rucher
placé près d'une mare où venait s'abreuver le bétail. Cet
apiculteur, nommé Adrien Foin, comptant sans doute sur
la douceur bien connue de ses abeilles, crut qu'il pouvait
sans inconvénient attacher son âne à un arbre voisin du
rucher, pendant qu'il s'en irait à la maison prendre son
repas. Il était tranquillement attablé, quand un essaim,
sorti d'une ruche, vint se pendre au collier du baudet.
L'âne, ayant conscience du danger, faisait piteuse mine et
semblait implorer l'assistance d'un caniche de forte taille.
Celui-ci contemplait, plein d'inquiétude, la mésaventure
et les angoisses de son compagnon. Comme il avait vu
plus d'une fois son maître détacher doucement avec la main

un essaim pendant à la branche d'un arbre, la réflexion lui vint qu'il pouvait rendre à son fidèle ami le service de le délivrer d'un dangereux fardeau. Il s'approcha donc de l'âne, et avec sa grosse patte velue il balaya de son mieux la grappe d'abeilles qui entourait le collier. Par malheur, une abeille froissée infligea une piqûre au pauvre baudet qui, oubliant sa patience proverbiale, se roula sur un flot d'abeilles recouvrant le gazon. Mais, hélas ! au lieu d'une piqûre, il en reçut dix mille, et expira après d'atroces souffrances.

On me demande ce que devint le chien au milieu de l'exaspération des abeilles, qui venaient par centaines s'embarrasser dans la forêt de son long poil. Avant qu'elles eussent touché la peau, il s'était précipité dans la mare voisine, où il demeura plongé jusqu'à ce qu'il eut l'assurance qu'il n'avait plus rien à craindre des cadavres d'abeilles.

Laissons les philosophes tirer de ce fait les plus belles déductions. Pour nous apiculteurs, sachons en conclure qu'il vaut mieux supporter en silence une seule piqûre, que de se livrer à une irritation qui en provoquerait mille autres.

Remèdes contre la piqûre des abeilles.

J'ai indiqué précédemment les moyens à employer pour adoucir le caractère irascible des abeilles. Les faits que j'ai cités, prouvent qu'il n'est pas toujours possible de se soustraire à leur colère. Cette colère peut être excitée par des imprudences ou par des accidents qui mettent en défaut les meilleures précautions.

Assurément, une piqûre d'abeille n'est pas un mal bien dangereux. Il est plus ou moins douloureux, et il survient plus ou moins d'enflure, suivant le tempérament de la personne et la délicatesse de l'organe atteint.

J'excepte le cas où l'aiguillon percerait la langue ou l'intérieur de la gorge : il survient alors une enflure qui produirait la suffocation, si l'on n'avait la précaution d'introduire dans le larynx un tube pour ménager la respiration, jusqu'à l'entière disparition des symptômes inflammatoires. Plusieurs personnes ont ainsi trouvé la mort, en avalant une guêpe noyée dans une boisson sucrée.

La vie peut également courir un danger sérieux quand il y a extérieurement un très-grand nombre de piqûres ; il se produit alors des accidents à peu près semblables à ceux qui sont causés par la morsure des vipères et des serpents. Il y a de l'enflure, des syncopes, des frissons, des sueurs froides, des nausées, des vertiges, des vomissements, etc.

J'ai vu tous ces effets produits chez un cultivateur à qui il avait pris fantaisie d'aiguillonner avec une fourche un groupe d'abeilles qu'il voulait faire essaimer. Des évolutions et un bourdonnement insolites lui firent croire que l'essaim se montrait docile à ses injonctions, tandis qu'il préparait une terrible correction à l'imprudent opérateur. Celui-ci, en effet, dut battre en retraite, atteint d'une centaine de piqûres, heureux encore de pouvoir se cacher au fond de sa cave pour n'être pas plus maltraité.

Le danger parut assez grave pour faire appeler un médecin, qui se hâta d'extraire tous les dards, et d'appliquer sur les parties couvertes de piqûres une compresse imbibée d'ammoniaque fortement étendu d'eau — huit à dix gouttes d'alcali pour une cuillerée d'eau. De plus, comme la douleur était très-intense, il jugea à propos d'ajouter quelques gouttes de laudanum. Grâce à ce remède, on put conjurer le mal, et le téméraire apiculteur se promit bien d'éviter à l'avenir toute provocation.

Quand les piqûres sont peu nombreuses, les lotions d'ammoniaque ne sont pas nécessaires. On se contente le plus souvent d'extraire les dards et d'appliquer un peu de salive, ou mieux un extrait de sucs d'oseille, de persil, d'ail, d'euphorbe, de chélidoine, etc. Je livre ces remèdes pour ce qu'ils valent ; leur efficacité dépend du tempérament des personnes : à chacun de voir l'ingrédient qui peut lui convenir.

Mais voici un spécifique tout nouvellement préconisé par le docteur Déclat, pour guérir les maladies causées par les ferments, et notamment les accidents produits par la piqûre des abeilles, des guêpes, des frelons et des serpents. C'est l'*acide phénique*, qui n'est autre chose que l'alcool de charbon de terre. Cet acide peut se combiner avec diverses substances dont les propriétés sont incontestables : telles sont le mercure, l'iode, le sulfate de quinine, l'arsenic, le soufre, l'ammoniaque. Cette dernière substance, unie à l'acide phénique, a fait ses preuves dans les cas graves de piqûres d'insectes et de serpents. Ce mélange porte le nom de *phénate d'ammoniaque du docteur Déclat.* On le trouve chez la plupart des pharmaciens.

Il en est de même de l'*acide sulfo-phénique*, qui s'emploie par injections sous-cutanées de quinze milligrammes, dans l'orifice des piqûres.

Pour ceux qui n'auraient pas ce médicament sous la main, ou qui en jugeraient l'application trop difficile, en voici un autre à la portée de tous, et qui se recommande également par son efficacité : l'*eau de chaux*. On l'emploie par lotion, au moyen d'une éponge ou d'une compresse fortement imbibée. La chaux nouvellement éteinte est la plus efficace. J'engage les personnes qui douteraient de la vertu de ce remède, à en faire l'épreuve sur les animaux domestiques atteints d'un grand nombre de piqûres d'abeilles, de frelons, de guêpes. Ces derniers insectes sont parfois

très-communs dans certaines prairies qu'ils rendent ina-
bordables. C'est rendre un véritable service à l'agriculture
que d'indiquer le moyen d'éluder ou d'atténuer les effets
de leurs piqûres.

L'ABEILLE

I.

Aux premiers jours de mon enfance,
Quand la douleur me visitait,
Ma mère, en me berçant, chantait
Pour charmer les cris de souffrance :
    Gentille abeille,
    Le mal t'éveille,
Les pleurs troublent ton œil d'azur.
    Gentille abeille,
    En paix sommeille,
Rends à la joie un front si pur.

II.

Petit insecte mellifère,
Quand tu butines ton trésor,
Je me livre à mon rêve d'or,
Je redis le chant de ma mère :
    Gentille abeille,
    La faim t'éveille,
Déguste du miel la saveur.
    Gentille abeille,
    Assez de veille,
Rêve d'un ange sur mon cœur.

III.

De mon enfant deviens l'image,
Fidèle amante des jardins ;
Ton dard prédit ses noirs chagrins,
Ton miel ses jours sereins présage.
Gentille abeille,
Ton dard qui veille
Garde son fiel pour le méchant.
Gentille abeille,
Travaille et veille,
Cueille ton miel pour mon enfant.

IV.

Ne vois-tu pas l'humide aurore
Chassant le paresseux sommeil ?
Va boire au calice vermeil
De la fleur qu'elle a fait éclore.
Gentille abeille,
La fleur t'éveille,
Son parfum convie un baiser,
Gentille abeille,
Travaille et veille :
Sur la fleur va te reposer.

V.

Déjà l'esparcette embaumée
Rougit, au gré de tes désirs.
Vole, sur l'aile des zéphirs,
Au champ de la fleur bien-aimée.
Gentille abeille,
La fleur t'éveille.
Vois, l'esparcette a son carmin.
Gentille abeille,

Travaille et veille :
Des prés fleuris suis le chemin.

VI.

Je vois assiégeant ta cellule
Le triste hiver et ses rigueurs,
Et la famine et les rongeurs !
Crains-tu l'ennemi qui pullule ?
        Gentille abeille,
        Pour toi je veille,
Gardant de ton miel un ruisseau.
        Gentille abeille,
        En paix sommeille :
Je veille auprès de ton berceau.

VII.

Près de l'enfant je vois un ange,
Tuteur et vigilant ami :
Il verse en son cœur endormi
Des fleurs du ciel le pur mélange.
        Gentille abeille,
        Pour nous pareille,
Tu cueilles la manne du ciel.
        Gentille abeille,
        Travaille et veille ;
Donne ton pur rayon de miel.

VIII.

Ton miel, c'est la grâce céleste
Qui de l'âme guérit les maux ;
Ton dard figure les fléaux,
D'un grand péché solde funeste.
        Gentille abeille,
        Ton dard sommeille,

Offrant au pécheur le pardon.
    Gentille abeille,
    Travaille et veille :
Donne ton miel au bon larron.

IX.

Cesse tes chants, lyre joyeuse :
Voici venir le doux sommeil.
Quand sourira le gai réveil,
Tu rediras, mélodieuse :
    Gentille abeille,
    La fleur t'éveille :
Savoure le nectar du miel.
    Gentille abeille,
    Assez de veille,
Rêve de l'ange et du beau ciel.

TABLE DES MATIÈRES.

FIN DE LA TABLE.

L'ABEILLE.

Paroles de
M.^r l'abbé **BEAU**.

Musique de
R. de **PUYSSAC.**

Gen_tille A _ beil _ le Le mal t'é _ veil _ le
Les pleurs trou_blent ton œil d'a _ zur
Gen _ tille A _ beil _ _ le En paix som _ meil _ _ le
Rends à la joie un front si pur.

www.ingramcontent.com/pod-product-compliance
Lightning Source LLC
LaVergne TN
LVHW021543170726
843501LV00004B/1178